网络空间安全技术丛书

Android应用
安全实战

Frida协议分析

李岳阳　卓斌◎编著

机械工业出版社
CHINA MACHINE PRESS

Android 应用安全是一个热门话题，本书从 Hook 框架 Frida 出发，由浅入深，带领读者掌握 Frida 框架的使用方法，并让读者能够解决逆向分析、安全测试、算法还原和关键代码快速定位等实际问题。

　　本书共 8 章，首先讲解了 Frida 框架环境安装配置，随后讲解了如何使用 Frida 框架对 Android 应用的 Java 层和 so 层进行分析，并设计了算法自吐框架，最后讲解了 Frida 框架的高级应用和算法转发。从最基础的环境安装到中高级逆向技巧均有涉猎，能够让读者在实战中掌握 Frida 框架，并应用于 Android 逆向分析之中。

　　本书内容翔实，理论与实战相结合，可供 Android 开发工程师、Android 应用安全工程师、爬虫工程师、逆向分析工程师以及想要从事逆向领域工作的人员学习。

图书在版编目（CIP）数据

Android 应用安全实战：Frida 协议分析/李岳阳，卓斌编著 . —北京：机械工业出版社，2022.4（2023.8 重印）

（网络空间安全技术丛书）

ISBN 978-7-111-70266-5

Ⅰ.①A… Ⅱ.①李…②卓… Ⅲ.①移动终端–应用程序–程序设计–安全技术 Ⅳ.①TN929.53

中国版本图书馆 CIP 数据核字（2022）第 034595 号

机械工业出版社（北京市百万庄大街 22 号　邮政编码 100037）

策划编辑：李培培　责任编辑：李培培

责任校对：徐红语　责任印制：常天培

北京机工印刷厂有限公司印刷

2023 年 8 月第 1 版第 3 次印刷

184mm×260mm · 14.25 印张 · 264 千字

标准书号：ISBN 978-7-111-70266-5

定价：89.00 元

电话服务　　　　　　　　　网络服务

客服电话：010-88361066　机　工　官　网：www.cmpbook.com

　　　　　010-88379833　机　工　官　博：weibo.com/cmp1952

　　　　　010-68326294　金　书　网：www.golden-book.com

封底无防伪标均为盗版　机工教育服务网：www.cmpedu.com

随着信息技术的快速发展，网络空间逐渐成为人类生活中一个不可或缺的新场域，并深入到了社会生活的方方面面，由此带来的网络空间安全问题也越来越受到重视。网络空间安全不仅关系到个体信息和资产安全，更关系到国家安全和社会稳定。一旦网络系统出现安全问题，那么将会造成难以估量的损失。从辩证角度来看，安全和发展是一体之两翼、驱动之双轮，安全是发展的前提，发展是安全的保障，安全和发展要同步推进，没有网络空间安全就没有国家安全。

为了维护我国网络空间的主权和利益，加快网络空间安全生态建设，促进网络空间安全技术发展，机械工业出版社邀请中国科学院、中国工程院、中国网络空间研究院、浙江大学、上海交通大学、华为及腾讯等全国网络空间安全领域具有雄厚技术力量的科研院所、高等院校、企事业单位的相关专家，成立了阵容强大的专家委员会，共同策划了这套《网络空间安全技术丛书》（以下简称"丛书"）。

本套丛书力求做到规划清晰、定位准确、内容精良、技术驱动，全面覆盖网络空间安全体系涉及的关键技术，包括网络空间安全、网络安全、系统安全、应用安全、业务安全和密码学等，以技术应用讲解为主，理论知识讲解为辅，做到"理实"结合。

与此同时，我们将持续关注网络空间安全前沿技术和最新成果，不断更新和拓展丛书选题，力争使该丛书能够及时反映网络空间安全领域的新方向、新发展、新技术和新应用，以提升我国网络空间的防护能力，助力我国实现网络强国的总体目标。

由于网络空间安全技术日新月异，而且涉及的领域非常广泛，本套丛书在选题遴选及优化和书稿创作及编审过程中难免存在疏漏和不足，诚恳希望各位读者提出宝贵意见，以利于丛书的不断精进。

机械工业出版社

Android 应用的安全问题在业内备受关注，但这方面相关的系统性资料却不多。本书从 Hook 框架 Frida 出发来讲解如何对 Android 应用的协议进行分析。

这本书讲了什么

本书共 8 章，全书整体围绕 Frida 框架进行讲解，并配合大量实战，相信会让读者学会该框架的使用方法。

第 1 章介绍的是在 Android 系统下使用 Frida 框架进行逆向的环境搭建。当然这里安装的环境只是最基础的环境，实际上 Android 逆向需要配置的环境比这多得多。比如反编译 dex 需要的 jadx、jeb 工具，反编译 so 文件需要的 IDA 工具，开发 App 应用程序需要的 Android Studio，以及各种抓包工具等。不过，一开始能够掌握最基本的逆向工具就已经足够了。

第 2 章主要介绍 Java 层的逆向分析，Android 应用最常见的代码都存放在 Java 层，因此对熟悉 Android 正向开发的读者来说，学习逆向也是较为简单的。配合本章的实战，学习完这章之后，一般较为简单的 Android 应用的协议分析读者就都可以解决了。

第 3 章主要介绍关键代码快速定位，看似只是一堆分散的技巧罗列，实际上是进行逆向工作最基本的方法。因为在实际的逆向分析中，不可能去逐行查看反编译后的代码，而只凭感觉定位也是不够的，这里把一些常用的定位方法总结起来，能够帮助读者快速提高逆向效率。

第 4 章介绍了算法"自吐"脚本的开发，本章的内容比较重要，因为它摆脱了以往将纯逆向视为体力劳动的片面思想，进入了更抽象的框架开发。基于 Frida 的框架开发并不难，所谓熟能生巧，把日常逆向工作中常用的操作封装起来，就可以慢慢积累成框架。读者可以在完成本章的学习后对"自吐"框架进行完善，增加更多功能。

第 5 章介绍了 so 层的逆向分析，只要是有志于在逆向分析领域有所精进的逆向工作者，都必须学会 so 层的逆向分析，因为一般有难度的 Android 应用都会使用 so 层加密。

第 6 章介绍了 JNI 函数的 Hook 和快速定位，在 so 层逆向分析中，经常需要和 JNI 函数打交道，掌握 JNI 函数的 Hook 是必要的。

第 7 章讲解内存读写、各种系统函数的 Hook，以及各种代码的 trace 方法。

第 8 章介绍了 Frida 框架算法转发方案，能够将 Android 应用本身当作解密工具，也可以建立解密 API 方便调用。

学习本书需要注意的事项

书中的 Hook 框架 Frida 在命令中多是首字母小写形式 frida。

App 应用程序指的是 Android 系统下的 APK。

当提到某函数的参数个数是 3，指的是从 1 开始共 3 个参数。

当提到某函数的第 3 个参数，指的是从 0 开始的第 4 个参数。

另外，本书的初衷是为了让读者掌握 Frida 这一 Hook 框架，并将其用于工作和学习当中，为避免对书中提供的案例造成不利影响，本书对涉及的具体应用名和包名都会进行省略。

什么人适合看这本书

本书是零基础，可以说，只要是对 Android 应用安全感兴趣的人都可以阅读。当然，具有一定 Android 开发基础的人读起来会更加轻松。值得一提的是，当下热门的网络爬虫，在对 Android 应用进行数据爬取时，必然要用到书里的知识。本书贵在实用，没有讲解大量简单的基础知识，而是以实战为主，对大量实际 Android 应用进行分析，跟着书中内容认真操作会让你飞速进步。

本书的资源有哪些

本书的学习需要配合卓斌开发的 Android 测试应用，因为书中的实操大多是在该应用程序上实践的。此外，也会为读者提供书中进行逆向分析的案例样本和所有代码

（扫描封底二维码即可获得），而且部分章节还配有视频（扫描书中二维码即可观看）。

读者如果在操作过程中有任何问题，或者有解决不了的难题，欢迎联系我们，可以添加微信（xiaojianbang8888 或者 Charleval），也可以加入读者 QQ 群 945868932。本人和卓斌致力于安全逆向教育多年，涉及领域包括网络爬虫、JavaScript 逆向、Android 逆向、深度学习图像识别等。读者有进一步学习的想法，或者对于书中的知识有任何问题，都可以通过以上渠道联系我们，我们可以共同讨论解决。

由于编者水平有限，对书中的不足之处，恳请读者批评指正。

李岳阳

目录

第 1 章　Frida逆向环境搭建

万事开头难，在正式开启本书的 Android 应用逆向分析之前，需要先搭建相关的开发环境，后续章节会基于本章的环境进行开发和代码讲解。

本章先介绍 Frida 框架，然后讲解 Frida 客户端和服务端的环境搭建，以及 Android 系统的刷机与管理员权限获取。

1.1　Frida 框架介绍

Frida 框架是一款基于 Python 和 JavaScript 语言进行 Hook⊖和代码调试的框架，简单易学的编程语言配合强大的 Hook 功能，极大降低了逆向分析的门槛。不习惯 Python 语言也没关系，Frida 的 CLI 工具也可以直接注入 JavaScript 代码，而且 Frida 框架存在多种语言绑定，如 Node.js、Swift、.NET、Qml 等。本书主要采取 Python 语言进行脚本编写。

Frida 框架可以说是为逆向开发和安全研究人员量身定做的动态插桩工具，开发人员可以将自己编写的代码注入 App 应用程序的内存空间之中，监控和修改其中的代码逻辑。Frida 可以 Hook 任意关键函数，追踪加密的 API 接口，甚至在进程中调用本地函数，所有的操作都不需要进行烦琐的编译工作或重新启动程序。此外，Frida 框架还支持全平台运行，包括 Windows、macOS、Linux、iOS 和 Android 等，因此 Frida 框架成为逆向界的宠儿。

Frida 框架包括客户端和服务端两个部分，如图 1-1 所示，其中客户端一般安装在个人计算机上，而服务端安装于移动端。客户端提交 JavaScript 代码之后，服务端会运行提交的 JavaScript 代码，两者之间存在一个用于交互的双向通信通道。其中客户

⊖　Hook 在全文中有名词和动词两种用法。通常情况下，做名词时指的是能够让程序员与系统中已经发生的过程进行交互的对象；做动词时指的是对系统未调用的代码进行提前控制。

端通常使用 Python 脚本编写，用于唤醒移动设备上的服务端，而 Python 脚本中编写的 Hook 代码则使用 JavaScript 语言，会经由客户端提交后，在服务端执行。

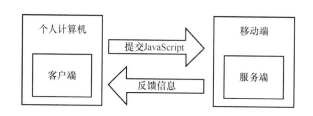

• 图 1-1　Frida 通信方式

　　熟知 Android 安全防护和逆向开发的人员对 Xposed 框架肯定不会陌生。Xposed 框架是一款 Android Hook 框架，可以在不修改 apk 的情况下对应用进行自定义，其相比于 Frida 框架的优势是具有非常多功能强大的模块，能够脱离个人计算机直接在 Android 端运行，还可以让其他用户下载安装使用。

　　所谓"闻道有先后，术业有专攻"，Frida 框架更像是为专业的安全开发人员准备的调试工具。虽然不像 Xposed 框架一样编译模块给用户使用，但是却可以方便地对 Android 应用进行调试分析，分析协议之后可以使用其他编程语言进行协议复现。此外，Xposed 框架只能对 Java 层代码进行 Hook，而 Frida 框架处理 Java 层代码和 so 层代码都游刃有余。

　　如今，随着开发人员对应用安全的重视，越来越多的 Android 应用开始在 so 层进行参数加密，协议分析也不得不深入到 so 层之中，Frida 框架的优势也就体现出来了。

1.2　Frida 框架环境搭建

　　个人计算机上安装的是 Frida 框架的客户端，安装方法极其容易，但是需要借助 Python 的 pip 包管理器。因此，需要开发者先下载安装 Python。Python 是一个语法简洁优雅、上手容易、开发迅速的面向对象的脚本语言，海量的第三方包和方便快捷的包管理机制让 Python 成了当下最流行的编程语言之一。本节会先介绍 Python 的安装，之后讲解 JavaScript 与 Python 代码编辑器的安装，最后讲解如何在个人计算机上安装 Frida 框架。

1.2.1 Python 的安装

这一小节来安装 Python 这门脚本语言，Python 存在不同系统的版本，可以自行选择。本书以在 Windows 下安装 Python 3.8.6 为例，具体下载安装步骤如下。

1）打开 Python 官网 https：//www.python.org/，单击 Downloads 选项卡→Windows 选项，如图 1-2 所示。

● 图 1-2　Python 官网

2）进入 Windows 版本的 Python 下载页面，在众多版本中找到图 1-3 中的 Python 3.8.6 版本，下载图 1-3 中框选的 64 位安装包。

● 图 1-3　Python 3.8.6 下载

3）下载完毕后双击运行，出现了如图 1-4 所示安装界面，勾选下方的 Add Python 3.8 to PATH 复选框，那么在安装完成后，会在系统中自动添加相应环境变量。接着选择 Customize installation 选项进行自定义安装。

4）勾选图 1-5 所示的复选框，单击 Next 按钮。进入图 1-6 所示的界面后，选择 C 盘以外的路径作为 Python 安装目录，最后单击 Install 按钮安装即可。

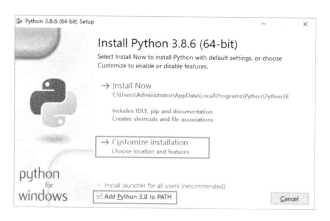

● 图 1-4　Python 3.8.6 安装界面

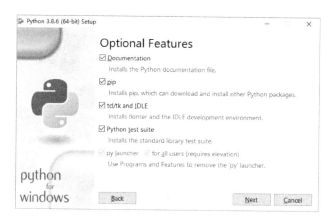

● 图 1-5　Python 3.8.6 勾选界面

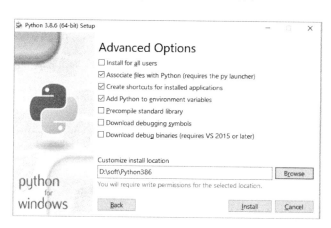

● 图 1-6　Python 3.8.6 安装路径选择

打开命令行终端输入"python"，如果没有报错，则说明 Python 已经安装成功。如下所示：

```
C:\Users\Administrator>python
Python 3.8.6 (tags/v3.8.6:db45529,Sep 23 2020, 15:52:53) [MSC v.1927 64 bit
(AMD64)] on win32
Type "help", "copyright", "credits" or "license" for more information.
>>>
```

1.2.2　Visual Studio Code 的安装

Visual Studio Code（以下简称 VSCode）是一个轻量级但功能强大的源代码编辑器，适用于 Windows、Linux 和 macOS 等多个操作系统。本书的 JavaScript 与 Python 代码都将在其中编写，具体下载安装步骤如下。

1）在浏览器中打开网址 https：//code.visualstudio.com/ 。选择适合自己系统的 VSCode 版本，这里选择的是 Windows x64 中的 Stable 版本。

2）下载成功后双击运行安装程序，勾选"创建桌面快捷方式"与"添加到 PATH（重启后失效）"复选框，然后单击"下一步"按钮进行安装，如图 1-7 所示。

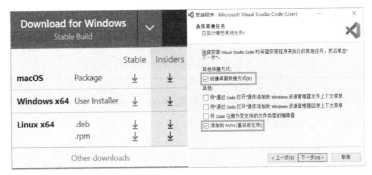

● 图 1-7　VSCode 下载与安装配置

3）安装成功后 VSCode 会自动启动，展示出如图 1-8 所示的主窗口。

1.2.3　Node.js 的安装

Frida 的 Hook 代码通常采用 JavaScript 编写，而安装 Node.js 可以在编写 JavaScript 代码时有更好的代码提示，也有助于后续配置 Frida 代码提示。本书以在 Windows 下安装为例，具体下载安装步骤如下。

1）在浏览器中打开网址 http：//nodejs.cn/download/current/，如图 1-9 所示。选择 LTS 版本的 Windows 64 位安装包。

5

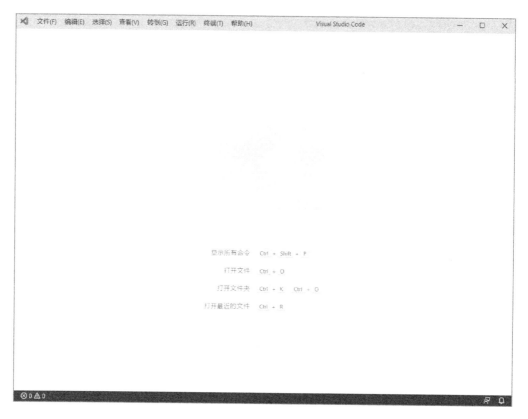

● 图 1-8　VSCode 主窗口

　　2）下载成功后双击运行安装程序，单击 Next 按钮，勾选同意协议复选框后，继续单击 Next 按钮，如图 1-10 所示。

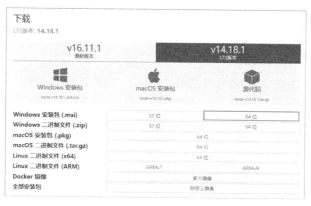

● 图 1-9　Node.js 下载

　　3）修改安装目录后，其他都默认，一直单击 Next 按钮，之后单击 Install 按钮安装即可，如图 1-11 所示。

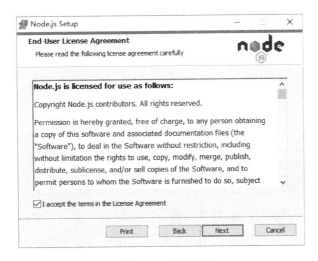

● 图 1-10　同意协议

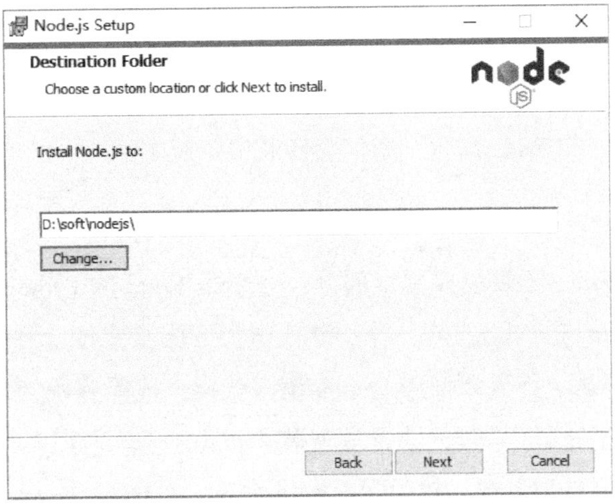

● 图 1-11　选择安装路径

打开命令行终端输入 "npm"，如下所示。如果没有报错，则说明 Node.js 已经安装成功。

```
C:\Users\Administrator>npm
Usage: npm <command>
where <command> is one of:
    ...
    npm@ 6.14.15 D:\soft\nodejs\node_modules\npm
```

接下来，安装 Frida 代码提示。使用 VSCode 创建一个工程目录，打开命令行终端，切换到该目录下，使用以下命令来安装 Frida 代码提示即可：

```
npm i @ types/frida-gum
```

安装 Frida 代码提示之前，需要先安装 Node.js。上述方式是局部安装，如果切换到其他工程目录，需要重新安装。

1.2.4　Frida 的安装

Frida 框架作为 Python 的第三方包，其安装是非常简单快捷的，因为 Python 的包管理器会自动为开发者处理一系列烦琐的工作。但是不同的 Android 系统版本需要对应不同的 Frida 版本，而且不同的 Frida 版本对 Python 的版本也有要求。一般而言，可以根据如下的对应关系进行版本选择。

- Android 5 ~ 6 使用 Frida 12.3.6 版本，Python 安装 3.7 版本。
- Android 7 ~ 8 使用 Frida 12.8.0 版本，Python 安装 3.8 版本。
- Android 9.0 + 使用 Frida 14.0 + 版本，Python 安装 3.8 版本。

使用以下命令安装 Frida 即可，默认会安装最新版本：

```
pip install frida-tools
```

在计算机端，Frida 框架包含两个部分：一个是 Frida 的 Python 库；另一个是 frida-tools，也就是 Frida 的 CLI 工具。后者中有一些可执行文件，可以帮助开发者非常便捷地进行 Hook 调试。如果要使用 Python 编写代码，才需要用到 Frida 的 Python 库。不过在安装 Frida 的 CLI 工具时，会自动安装 Frida 的 Python 库。此外，Frida 框架还有另外一个部分需要单独下载，然后配置在移动端，如 frida-server、frida-inject、frida-gadget 等。

如果需要安装指定版本的 Frida，推荐先安装 Frida 的 Python 库，再安装 frida-tools。本书使用的 Frida 版本是 14.2.18，指定版本安装的方式如下：

```
pip install frida ==14.2.18
pip install frida-tools ==9.2.5
```

可以在 https://github.com/frida/frida/releases/tag/12.8.0 查看 Frida 对应的 tools 版本，如图 1-12 所示，网址最后的版本号可以根据需要进行更改。

可以使用以下两种方式来判断是否安装成功，两种方法都要测试。

第一种是打开命令行终端，输入"frida --version"，看是否能够打印 Frida 版本号。测试 frida-tools 是否安装成功的方式如下：

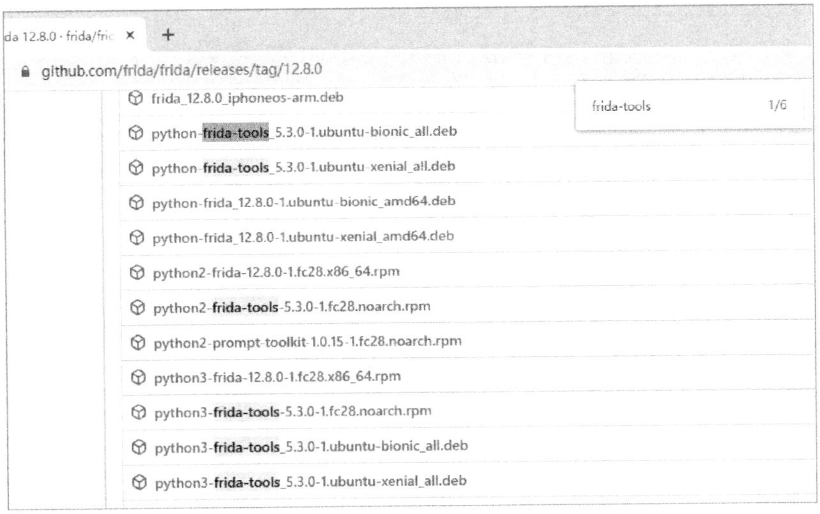

● 图 1-12　Frida 对应的 tools 版本

```
C:\Users\Administrator>frida --version
14.2.18
```

第二种是打开命令行终端，输入"python"，进入 Python 编辑器后，再输入"import frida"，看是否能够正常导入工具包，测试 Frida 的 Python 库是否安装成功的方式如下。

```
C:\Users\Administrator>python
Python 3.8.6 (tags/v3.8.6:db45529, Sep 23 2020, 15:52:53) [MSC v.1927 64 bit
(AMD64)] on win32
Type "help","copyright", "credits" or "license" for more information.
>>> import frida
>>>
```

如果需要更换 Frida 版本，可以使用以下命令进行 Frida 的卸载：

```
pip uninstall frida
pip uninstall frida-tools
```

1.3　Android 平台环境搭建

计算机端的环境搭建成功之后，接着搭建 Android 端的环境。Android 应用的协议分析最好使用真机，可以减少大量不必要的问题，让开发者能够更顺利地完成工作。本节主要包括 Android 系统刷机、获取 Android 系统的管理员权限和 frida-server 的配置。

1.3.1 Android 系统刷机

在正式讲解刷机之前，先来介绍一下刷机必备的前置知识。

刷机方式大体上可以分为线刷和卡刷。线刷一般指的是使用 USB 连接，通过 fastboot 将线刷包刷入手机。这种方式的刷机包在计算机端刷得比较彻底，除了可以刷系统，还可以刷 bootloader 和 radio，不需要进行双清、三清、四清等操作。卡刷一般指的是将卡刷包放入 sdcard 目录，然后使用第三方 recovery 把卡刷包刷入手机。这种方式通常会先刷入第三方recovery twrp，需要进行双清、三清、四清等操作。线刷可以用来"救砖"（即把刷机时刷坏的手机修好），一般情况下，手机只要能进 bootloader 模式，都是可以通过线刷修复回来的。

刷机包可以分为线刷包和卡刷包，不同的机型需要使用不同的刷机包。线刷包也叫工厂镜像包（Factory Images）。卡刷包又分为全量包和增量包，全量包指的是完整的系统，增量包类似于补丁包、升级包。

本小节以谷歌手机的线刷为例。首先登录网站https：//developers.google.com/android/images 下载线刷包。本书的测试机是 pixel 1 代，测试环境是 Android10 操作系统，所以下载 sailfish-opm1.171019.011-factory-56d15350 线刷包。

先来认识下线刷包的组成，将下载后的线刷包解压，如图 1-13 所示。

● 图 1-13　线刷包的组成

```
bootloader-sailfish-8996-012001-1908071822.img    //  线刷需要在这个模式下刷机
radio-sailfish-8996-130091-1710201747.img         //  基带
image-sailfish-opm1.171019.011.zip                //  Android 10 操作系统
```

将 image-sailfish-opm1.171019.011.zip 解压，其包含以下文件：

```
android-info.txt
boot.img                    // 后续获取管理员权限时,需要对 boot.img 重打包
system.img                  // 系统
system_other.img            // pixel 机型有两个系统分区
vendor.img                  // 手机驱动相关文件
```

准备好了线刷包以后，还需要配置相应的刷机环境。

手机通过 USB 连接计算机，通过计算机来操控手机，需要使用到 adb。刷机包通过线刷刷入手机，需要使用到 fastboot。安卓 SDK 中自带 adb 与 fastboot，路径为SDK \ platform-tools，添加到系统环境变量即可。当然也可以单独下载，然后将路径添加到系统环境变量中，下载地址为 https：//developer. android. com/studio/releases/platform-tools。

确保 Bootloader 是解锁状态，未解锁是刷不了系统的。成功解锁 Bootloader 后，每次手机启动时，都会出现黑底白字的英文警告页，提示 "Your device software can't be checked for corruption. Please lock the bootloader." 这仅仅是提示 Bootloader 被解锁了，忽略即可。

进入 Bootloader 有两种方式：第一种方式是关机状态同时按住降低音量键和电源键；第二种方式是开机状态下执行 adb reboot bootloader 命令。

在 Bootloader 模式下，可以使用 fastboot devices 来判断 fastboot 是否可以识别设备。如果使用 fastboot devices 之后没有输出任何信息，那么就需要安装 Google USB 驱动。安装成功后即可识别，具体命令如下：

```
C:\Users\Administrator >adb reboot bootloader
C:\Users\Administrator >fastboot devices
C:\Users\Administrator >fastboot devices
FA7220300834   fastboot
```

Google USB 驱动可以通过 Android Studio 下载，如图 1-14 所示。下载驱动后，按以下步骤更新驱动：右击 "此电脑"，在弹出的快捷菜单中选择 "管理" 选项，在打开的 "计算机管理" 窗口中选择 "设备管理器" 选项，在右侧选中没有驱动的 Android 设备右击，在弹出的快捷菜单中选中 "更新驱动程序" 选项，选择 "浏览我的电脑以查找驱动程序"，找到驱动所在目录（一般为 SDK \ extras \ google）进行安装。安装完毕后即可识别，如图 1-15 和图 1-16 所示。

配置好相应的刷机环境后，接下来的操作就容易了。Windows 系统双击 flash-all . bat，Linux、macOS 系统运行 flash-all. sh，等待完成即可。

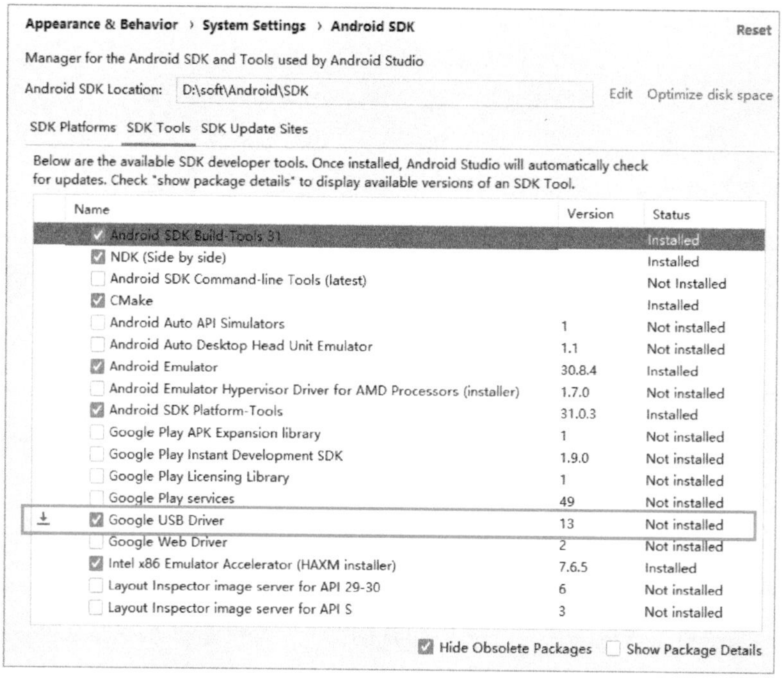

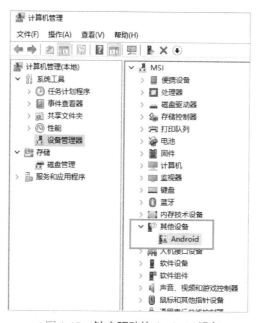

● 图 1-14   下载 Google USB Driver

● 图 1-15   缺少驱动的 Android 设备

可以只刷 Android 系统，不刷 bootloader 和 radio，也可以将 Android 系统中的镜像分开刷，但是需要注意各分区镜像是否兼容，相关命令可以参照 flash-all 文件。

● 图 1-16　能够正常识别 Bootloader 的 Android 设备

1.3.2　获取 Android 系统管理员权限

为了更方便地进行 App 逆向和协议分析，获取 Android 设备的管理员权限（即 root 权限）是至关重要的。不论是 Frida、Xposed，还是其他 Hook 框架，在默认情况下都是需要获取 root 权限的。通过将 Hook 框架内置到系统等方式，才可以免去获取 root 权限。但是没有 root 权限，在逆向中毕竟是不方便的。因此，这一小节将介绍通过 Magisk 来获取 Android 设备 root 权限的方法。

在获取 root 权限之前，需要先开启开发者选项和 USB 调试。

开发者选项可以通过以下方式来开启："设置"菜单→"系统"选项→"关于手机"选项，连续单击版本号 7 次。

USB 调试可以通过以下方式来开启：打开手机"设置"菜单→"系统"选项→"开发者选项"，开启"USB 调试"。使用数据线将手机连接至计算机，手机端会弹出 USB 调试申请，允许即可。开启成功的标志是，在命令行终端中输入"adb devices"会得到类似信息：

```
C:\Users\Administrator>adb devices
List of devices attached
FA7220300834    device
```

将上一小节刷机时使用的 Android 10 系统 image-sailfish-opm1.171019.011.zip 中的 boot.img 解压。使用 adb push 命令推送至手机 sdcard 目录，具体命令如下：

```
adb push boot.img /sdcard/boot.img
```

然后在手机上安装最新版 Magisk Manager，本书使用的是 Magisk-v23.0.apk。
Magisk 的 下 载 地 址 是 https：//github.com/topjohnwu/Magisk/releases。打 开 Magisk
Manager，单击安装 Magisk，在弹出的对话框中选择 sdcard 目录里的 boot.img，完成后
会看到如图 1-17 所示的界面。

● 图 1-17　修补 boot.img

在/sdcard/Download 目录下会生成 magisk_patched.img，这个就是安装了 magisk 的
boot.img，也就是所谓的补丁版。使用 adb pull 命令将其复制到计算机上，然后手机进
入 Bootloader，刷入 magisk_patched.img 即可获取 root 权限。具体命令如下：

```
adb pull /sdcard/Download/magisk_patched.img
adb reboot bootloader
fastboot flash boot magisk_patched.img
```

上述命令中对应的计算机端文件路径，请根据实际情况自行修改。成功获取 root
权限后需要调整手机时间，否则在访问网络时会出问题。

Android 7.0 版本以后的系统，连接 WiFi 时会出现叉号，这是由于原生 Android 系
统验证 WiFi 是否有效，是通过访问谷歌的服务器来判断的，其实是可以访问网络的。
可以使用以下命令来关闭检测：

```
adb shell settings put global captive_portal_mode 0
```

接着打开飞行模式，再关闭飞行模式即可。

1.3.3　frida-server 配置

在浏览器中打开网址 https：//github.com/frida/frida/releases，下载以下 4 个

文件:

```
frida-server-14.2.18-android-arm.xz
frida-server-14.2.18-android-arm64.xz
frida-server-14.2.18-android-x86.xz
frida-server-14.2.18-android-x86_64.xz
```

需要注意,下载的 frida-server 版本要与计算机端安装的 Frida 版本一致。

Frida 是一个全平台的 Hook 框架,但是本书介绍的是 Android 端的,所以下载 Android 端使用的 frida-server 即可。

arm、arm64、x86、x86_64 指的是 CPU 架构。一般情况下,移动端使用 arm 和 arm64,安卓模拟器中使用 x86、x86_64。本书采用的测试机是谷歌的 pixel 1 代,CPU 是 arm64 的架构。因此,使用 frida-server-14.2.18-android-arm64.xz 文件。需要注意的是,这是一个压缩包,请解压后使用。

将 frida-server 通过 adb 推送到手机设备中,并给予可执行权限,然后在 root 权限下运行。具体命令如下:

```
//将 frida-server 推送到 /data/local/tmp/ 目录下,并改名为 fsarm64
C:\Users\Administrator>adb push C:\Users\Administrator\frida-server-14.2.18-
android-arm64 /data/local/tmp/fsarm64
//进入手机控制台
C:\Users\Administrator> adb shell
//获取 root 权限
sailfish:/ $su
//切换到 /data/local/tmp/ 目录下
sailfish:/ # cd /data/local/tmp
//修改 fsarm64 文件权限
sailfish:/data/local/tmp # chmod 777 fsarm64
//运行 fsarm64
sailfish:/data/local/tmp #./fsarm64
```

正常启动 frida-server 后,另开一个命令行终端,使用 frida-ps -U 命令来测试 Frida 客户端是否能够正常连接 frida-server。如果正常运行,则会列出 Android 设备上当前正在运行的进程。

```
...
6609   fsarm64
 500   surfaceflinger
 998   system_server
```

```
 737  thermal-engine -c /vendor/etc/thermal-engine.conf
1249  xtra-daemon
 696  zygote
 695  zygote64
```

参数-U 代表 USB，是指让 Frida 检查 USB 设备。也可以使用 frida-ps -R，但是需要进行端口转发。执行 adb forward tcp：27042 tcp：27042 后，再执行 frida-ps -R 也可以看到 Android 设备上当前正在运行的进程。

frida-server 运行不了、运行报错、连接不上的常见原因如下。

- frida-server 平台没有选对，如在 arm64 机型上选择 x86 的 frida-server 来使用。
- 没有给予可执行权限，导致运行后提示 Permission denied。
- frida-server 版本与计算机端 Frida 版本不匹配，导致连接时出现各种问题。
- 某些 Frida 版本与 Xposed 存在冲突。

小　　结

本章介绍的是 Frida 的逆向环境配置，实际上 Android 逆向需要配置的环境比这多得多。如反编译 dex 需要的 jadx、jeb 工具，反编译 so 文件需要的 IDA 工具，开发 App 应用程序需要的 AndroidStudio，各种抓包工具等。配置环境的过程是烦琐耗时的，但这也是逆向开发和安全研究人员的基本功。

第2章 Frida框架Java层应用

本章开始学习 Frida 框架的使用。本章对 Frida 框架的讲解集中于 Java 层，会对 Android 应用的 Java 层的方法和类的 Hook 进行详细说明，最后通过实际的 Android 应用协议分析实战进行巩固。

2.1　Frida 框架的 Hook 方法

本节中，会讲解 Frida 框架的 Hook 方法，包括 Hook 静态方法、实例方法、构造方法和重载方法，以及如何构造对象参数和主动调用 Java 函数。

2.1.1　Hook 静态方法和实例方法

Firda 框架在进行 Hook 脚本编写时，存在固定的规范，函数主体需要被包含在 Java.perform 方法之中，参数是一个匿名函数，在匿名函数内编写具体的 Hook 代码。Hook 静态方法和实例方法时，不需要花费精力处理修饰符，也不需要区分静态方法和实例方法，一律使用 Java.use 进行 Hook。只有在主动调用时，才需要区分静态方法和实例方法。

接下来，以第 1 章中安装的 Android 测试应用为例进行 Hook 讲解。使用 jadx 反编译工具对 APK 进行反编译可以查看到具体源代码，这里对 Money 类里的静态方法 setFlag 和非静态方法 getInfo 进行 Hook，Android 应用中的代码如下：

```
package com.xiaojianbang.hook;

public class Money {
    private static String flag;
    private int amount;
```

```
    private String currency;
    public static void setFlag(String str) {
        flag = str;
    }
    public String getInfo() {
        return this.currency + ": " + this.amount + ": " + flag;
    }
}
```

首先来 Hook 其中的静态方法 setFlag，因为静态方法 setFlag 属于 Money 类，因此需要使用 Java.use 先定位到类，定位类使用类所属的 package.类名的方式，之后可以通过 implementation 方法直接覆写静态方法 setFlag。当 Android 应用在执行静态方法 setFlag 时，调用执行的将会是这里覆写的代码。静态方法 setFlag 包含一个字符串参数，在这里覆写的函数的签名中要添加一个参数，Hook 代码中的参数是不需要指定类型的，只要求数量上能够对应。原静态方法 setFlag 是没有返回值的，但覆写的方法是可以添加返回值的，这里直接使用 this.setFlag 调用原方法进行返回。

接着 Hook 应用中的非静态方法 getInfo，这与刚才的静态方法 setFlag 的 Hook 方法类似，直接使用 this.getInfo 作为原方法的返回值，在中间进行 console 打印，输出返回值。

具体 Hook 代码如下所示：

```
function test(){
    Java.perform(function(){
        var money = Java.use("com.xiaojianbang.hook.Money");
        money.setFlag.implementation = function(a){
            console.log("money.setFlag param:",a);
            return this.setFlag(a);
        };
        money.getInfo.implementation = function(){
          var result = this.getInfo();
          console.log("money.getInfo:",result);
          return result;
        };
    })
};
test();
```

在注入上述代码时，可以不手动启动 Android 应用，而是选择让 Frida 框架主动启动 Android 应用，这样可以在 Android 应用加载之初就将代码注入，否则应用已经加载完毕，Hook 代码就不会起作用了。

下边介绍几个常用的 Frida 框架命令行参数。

- -U：连接 USB 设备。
- -F：附加最前面的应用。
- -f：主动启动进程。
- -l：加载 script 脚本文件。
- -o：输出日志。
- --no-pause：启动主线程运行应用。

根据上述命令行参数，可以构建出通过 Frida 框架启动 Andorid 应用的命令：

```
frida -U -f com.xiaojianbang.app -l test.js -o fridaHook.txt --no-pause
```

运行上述命令后，即可看到 Frida 框架主动启动了 USB 连接的手机中的应用 com.xiaojianbang.app，并且加载了刚刚编写的 JavaScript 脚本，在命令行中打印输出了静态方法 setFlag 的参数和非静态方法 getInfo 的返回值。

想要修改方法的参数和返回值也较为容易，如修改 setFlag 的参数，只需要将上边的 JavaScript 脚本稍作修改，在最后调用原方法返回的过程中，自定义一个字符串作为参数传入：

```
money.setFlag.implementation = function(a){
    console.log("money.setFlag param:",a);
    return this.setFlag("这是修改后的参数");
};
```

再次运行脚本，就可以发现 Money 类中的 setFlag 参数已经发生了改变。

2.1.2　Hook 构造方法

构造方法在 Android 应用中比较常见，它是 Java 中的一种特殊方法，用于初始化对象。Java 构造方法在对象创建时被调用，它的方法名必须和其类名相同，而且必须没有显式返回类型。简单来说，凡是关键词 new 后跟随的基本都是构造方法。

此处以测试应用中的 Money 类的构造方法的 Hook 为例，应用中的源代码如下：

```
package com.xiaojianbang.hook;

public class Money {
```

```
private static String flag;
private int amount;
private String currency;
public Money(String str, int i) {
    this.currency = str;
    this.amount = i;
}
}
```

第一步应当定位到类，不过由于 Android 中构造方法名和类名是一致的，因此不需要再重复编写类名。在编写的 JavaScript 脚本中，使用 $init 来指代构造方法的名字。之后在返回参数中自定义要传输的两个参数，即可完成构造方法的参数修改。

具体的 Hook 代码如下所示：

```
function test(){
    Java.perform(function(){
        var money = Java.use("com.xiaojianbang.hook.Money");
        money.$init.implementation = function(a,b){
            console.log("money.$init param:",a,b);
            return this.$init("美元",200);
        }
    })
};
test();
```

Hook 构造方法需要谨记的是，构造方法使用 $init 来指代名字，其余的操作与定位普通方法一致。

2.1.3　Hook 重载方法

方法重载是一个类的多态性的表现，重载方法在一个类中方法名字相同，而参数不同，返回值也可以不同。由此可以确定，重载方法的独特性在于其独一无二的参数类型列表，因此在 Hook 时也需要额外注意其参数类型列表。

在测试应用的 Utils 类中存在重载方法 getCalc，它拥有三个不同的重载，源代码如下所示：

```
package com.xiaojianbang.hook;

public class Utils {
```

```
public static int getCalc(int i, int i2) {
    return i + i2;
}

public static int getCalc(int i, int i2, int i3) {
    return i + i2 + i3;
}
public static int getCalc(int i, int i2, int i3, int i4) {
    return i + i2 + i3 + i4;
}
```

这三个方法的名字是一样的，在 Android 应用的 onCreate 方法中存在调用。因为重载方法存在不同的参数签名，要对重载方法进行 Hook 需要分为两步，通常借助 Frida 框架的提示进行代码编写。第一步，先对重载方法的不同参数签名视而不见，直接进行重载方法的覆写，并加载 Hook 脚本。编写的代码如下：

```
function test(){
    Java.perform(function(){
        var Utils = Java.use("com.xiaojianbang.hook.Utils");
        Utils.getCalc.implementation = function(){
            return this.getCalc();
        }
    })
};
test();
```

可以发现，脚本的覆写方法里没有添加任何参数，当 Frida 框架加载了上述脚本代码之后，会有报错提示，这正是第一步要达到的目的，让 Frida 框架告诉开发者重载方法的参数应该怎么编写。命令行中的报错代码如下：

```
[Pixel::com.xiaojianbang.app]-> Error: getCalc(): has more than one overload,
use.overload(<signature>) to choose from:
    .overload('int', 'int')
    .overload('int', 'int', 'int')
    .overload('int', 'int', 'int', 'int')
    at X (frida/node_modules/frida-java-bridge/lib/class-factory.js:563)
    at K (frida/node_modules/frida-java-bridge/lib/class-factory.js:558)
    at set (frida/node_modules/frida-java-bridge/lib/class-factory.js:925)
    at <anonymous> (/reloadHook.js:3)
...
```

可以清晰地看到，Frida 框架提示开发者从三个不同参数签名的重载方法中进行选择，而且指明使用 overload 方法。这三个 overload 中存在不同的参数签名，分别对应 Android 应用源代码中的三个重载方法。

第二步，借助刚才的报错提示，编写正确的 Hook 代码，这里使用 Frida 框架提示的overload方法覆写拥有两个int参数的重载方法：

```
function test(){
    Java.perform(function(){
        var Utils = Java.use("com.xiaojianbang.hook.Utils");
        Utils.getCalc.overload('int','int').implementation = function(a,b){
            console.log("Utils.getCalc params:",a,b);
            return this.getCalc(a,b);
        }
    })
};
test();
```

Hook 重载方法和 Hook 一般方法是大相径庭的，开发者不需要死记硬背，在需要使用的时候，回忆上述两步走的方案即可。

掌握了两步走的方案之后，如果想要 Hook getCalc 全部的重载方法，代码的编写只是一种重复性的体力工作。具体 Hook 代码如下所示：

```
Utils.getCalc.overload('int','int').implementation = function(a,b){
    console.log("Utils.getCalc params:",a,b);
    return this.getCalc(a,b);
};
Utils.getCalc.overload('int', 'int', 'int').implementation = function(a,b,c){
    console.log("Utils.getCalc params:",a,b,c);
    return this.getCalc(a,b,c);
};
Utils.getCalc.overload('int','int','int','int').implementation = function
(a,b,c,d){
    console.log("Utils.getCalc params:",a,b,c,d);
    return this.getCalc(a,b,c,d);
};
```

2.1.4　Hook 方法的所有重载

在上一小节的重载方法的 Hook 中，要想 Hook 同一个方法的所有重载，需要编写多个 overload。如果存在 3 个重载，则需要写 3 个 overload；如果存在 10 个重载，则需要写 10 个 overload，例如，StringBuilder 的 append 方法可能会存在十多个重载方法，这样做效率较低。

假设开发者对于重载方法做的操作是一致的，比如上一小节的 Hook 代码只是在方法被调用之前统一打印输出了重载方法的参数签名，这种情况下可以使用一种简洁优雅的方式优化代码。

先来看看 overloads 方法返回的内容，编写测试代码：

```
function test(){
    Java.perform(function(){
      var Utils = Java.use("com.xiaojianbang.hook.Utils");
      console.log(Utils.getCalc.overloads);
      console.log(Utils.getCalc.overloads.length);
    })
};
test();
```

运行后，可以看到控制台输出打印的内容如下：

```
[Pixel::com.xiaojianbang.app]-> function e() {
    [native code]
},function e() {
    [native code]
},function e() {
    [native code]
}
3
```

overloads 方法返回的内容是三个重载方法，又因为它可以调用 length 方法，那么推测 overloads 方法返回的是一个包含所有重载方法的数组。由此可以编写一个 for 循环，每循环一个重载方法，便使用 implementation 进行方法覆写，这样就可以借助循环完成统一性的操作。

不过也出现了新的问题，开发者并不知道每个重载方法存在几个参数，参数是重载方法的核心，要 Hook 多个重载方法必须解决这个问题。该问题的解决需要借助 JavaScript 的 arguments 来完成，里边存放着函数的参数列表，参数列表依旧可以使用 for 循环来取出其中的参数。借助 arguments 是一个列表的特性，还可以进行 if 条件判断，当重载方法拥有不同的参数个数时，使用不同的代码进行覆写。代码如下：

```
function test(){
    Java.perform(function(){
        var Utils = Java.use("com.xiaojianbang.hook.Utils");
        var overloadArr = Utils.getCalc.overloads;
        for(var i = 0;i < overloadArr.length;i ++){
            overloadArr[i].implementation = function(){
                var params = "";
                for(var j = 0;j < arguments.length;j ++){
                    params += arguments[j] + " ";
                };
                console.log("utils.getCalc is called! params is:",params);
                if (arguments.length ==2){
                    return this.getCalc(arguments[0],arguments[1]);
                }else if (arguments.length ==3){
                    return this.getCalc(arguments[0],arguments[1],arguments[2]);
                }else if(arguments.length ==4){
                    return this.getCalc(arguments[0],arguments[1],arguments[2],
arguments[3]);
                };
            }
        }
    })
};
test();
```

虽然使用 arguments.length 基本实现了重载方法的 Hook，但是代码仍然臃肿，存在进一步优化的空间。再次回到 JavaScript 代码中，在 JavaScript 中，函数也是对象，是对象就有方法。在对象中自带两个方法，一个是 call，另一个是 apply。这两个方法的使用方式基本一致，都需要在第一个参数的地方传入 this 的指向对象，不过第二个参数有所差别。call 方法的参数是使用逗号分隔的，而 apply 方法的所有参数需要放在一个数组里边传入。联想到arguments是一个包含方法参数的列表，可以使用 apply 方法简化代码：

```
function test(){
    Java.perform(function(){
        var Utils = Java.use("com.xiaojianbang.hook.Utils");
        var overloadArr = Utils.getCalc.overloads;
        for(var i = 0;i < overloadArr.length;i ++){
            overloadArr[i].implementation = function(){
```

```
        var params = "";
        for(var j = 0;j < arguments.length;j + +){
            params += arguments[j] + " ";
        };
        console.log("utils.getCalc is called! params is:",params);
        return this.getCalc.apply(this,arguments);
      }
    }
  })
};
test();
```

最后，再来说明一下 this 的指代对象，先来看看 Hook 重载方法中的 this 指代什么，重点关注下面代码的 this 指向：

```
Utils.getCalc.overload('int','int').implementation = function(a,b){
    console.log("Utils.getCalc params:",a,b);
    return this.getCalc(a,b);
};
```

函数里边的 this 指代调用函数者。当前函数中 getCalcc 是被 Utils 类调用的，因此当前的 this 指代的是 Utils 类，上述代码可以被改写为如下代码：

```
Utils.getCalc.overload('int','int').implementation = function(a,b){
        console.log("Utils.getCalc params:",a,b);
        return Utils.getCalc(a,b);
    };
```

需要注意的是，这里的 getCalc 方法是一个静态方法，this 和 Utils 是等价的。但如果是一个非静态方法，这里必须使用 this，因为可能有多个对象会调用这个 this 方法，this 可以指向不同的对象。

2.1.5 对象参数的构造

在有些方法中，需要传入对象作为参数，这种形式的 Hook 也是需要掌握的。在测试应用中存在如下源代码，其中的 deposit 方法传入了 Money 类作为参数：

```
package com.xiaojianbang.hook;
import java.util.ArrayList;
...
```

```
public boolean deposit(Money money) {
    if (money == null || money.getAmount() < = 0) {
        return false;
    }
    this.balance += money.getAmount();
    return true;
}
```

接下来 Hook 这个普通方法，这里传入的参数 a 指代的是 Money 类，因此可以直接调用其中的 getInfo 方法：

```
var walletils = Java.use("com.xiaojianbang.hook.Wallet");
walletils.deposit.implementaton = function(a){
    console.log("money.$init param:", a.getInfo());
    return this.deposit();
```

如果要构造一个 Money 类，需要使用 Java.use 先定位到 Money 类，再使用 $new 构建一个类对象，其中初始的参数也需要依次进行传递：

```
var walletils = Java.use("com.xiaojianbang.hook.Wallet");
var Money = Java.use("com.xiaojianbang.hook.Money");
walletils.deposit.implementaton = function(a){
    console.log("money.$init param:", a.getInfo());
    return this.deposit(Money.$new("美元",1000));
```

2.1.6　主动调用 Java 函数

到目前为止，介绍的方法都是被动 Hook，也就是函数被触发时才会被执行。如果是主动调用，就是由开发者来确定何时调用函数。主动调用分为两种情况，一种是静态方法，一种是实例方法，如果是进行 Hook，是不区分静态方法和实例方法的。

关于静态方法的主动调用，需要在定位到类之后，直接使用括号进行方法调用。比如对 Money 类中的静态方法 setFlag 进行主动调用：

```
function test(){
    Java.perform(function(){
        var money = Java.use("com.xiaojianbang.hook.Money");
        money.setFlag("xiaojianbang");
    })
```

```
};
test();
```

关于实例方法的主动调用有两种方式：第一种是创建新对象，第二种是获取已有对象。第一种方法使用 $new 来创建实例，如主动调用 Money 类中的 getInfo 方法，先创建一个 Money 对象，再使用括号调用其中的方法即可：

```
function test(){
    Java.perform(function(){
        var money = Java.use("com.xiaojianbang.hook.Money");
        var moneyobj = money.$new("美元",1000);
        console.log(moneyobj.getInfo());
    })
};
test();
```

第二种方法需要使用 Java.choose 方法获取已有对象，它用来在内存中搜索想用的对象，拥有两个参数，第一个参数是想要找到的类，第二个参数是一个回调函数，包括 onMatch 和 onComplete 两个方法，后者是在所有对象搜索完毕后调用，前者是每找到一次就调用一次。可以编写如下代码：

```
function test(){
    Java.perform(function(){
        var money = Java.use("com.xiaojianbang.hook.Money");
        Java.choose("com.xiaojianbang.hook.Money",{
            onMatch:function(obj){
                console.log(obj.getInfo());
            },
            onComplete:function(){
                console.log("内存中的 Money 对象搜索完毕!")
            }
        })
    })
};
test();
```

加载脚本后，可以看到使用 Java.choose 方法也可以完成主动调用。

2.2　Frida 框架 Hook 类

在学习了如何 Hook 方法之后，本节将会讲解如何使用 Frida 框架 Hook 类，包括获取和修改类的字段、Hook 内部类和匿名类、枚举所有已加载的类、枚举类的所有方法和 Hook 类的所有方法。

2.2.1　获取和修改类的字段

获取和修改类的字段分为两种情况：第一种是静态字段，只要拿到类就可以访问；第二种是实例字段，实例字段需要得到对象，有对象才可以访问。实例字段下又分为两种情况，即创建新对象和获取已有对象。

在测试应用的 Money 类中，存在不少字段，接下来以 Money 类中的 flag 字段获取为例：

```
package com.xiaojianbang.hook;

public class Money {
    private static String flag;
    private int amount;
    private String currency;
    ...
}
```

按照之前编写的 Hook 代码，先定位到 Money 类，再直接使用 console 打印输出静态字段 flag：

```
function test(){
    Java.perform(function(){
        var money = Java.use("com.xiaojianbang.hook.Money");
        console.log(money.flag);
    })
};
test();
```

脚本注入后，发现打印输出的结果是［object Object］，这显然不是想要的结果，可以尝试对其进行 JSON 格式化，即用 JSON. stringify 包裹，发现结果转化为了 JSON 格式：

```
{"_p":["<class:com.xiaojianbang.hook.Money>",1,{"className":"java.
lang.String","name":"Ljava/lang/String;","type":"pointer","size":1,"
defaultValue":"0x0"},"0x70468f0154","0x6fc31ec43c","0x6fc31ef788"]}
```

但在其中没有看到任何与 flag 相关的信息，只看到了一系列地址。事实上，这样是获取不到类的静态字段的，类的静态字段的获取需要使用 value 属性：

```
console.log(money.flag.value);
```

这样才会调试输出类的静态字段，同理，对于类的静态字段的修改也是使用这种方法：

```
var money = Java.use("com.xiaojianbang.hook.Money");
console.log(money.flag.value);
money.flag.value = "修改后的结果";
console.log(money.flag.value);
```

对于类的实例字段的获取和修改，此处先来讲解创建新对象的方法。第一步需要使用 new 方法创建一个关于 Money 的新对象，之后可以借助 value 属性获取字段内容和修改字段：

```
var money = Java.use("com.xiaojianbang.hook.Money");
var moneyobj = money.$new("美元",1000);
console.log(moneyobj.currency.value);
moneyobj.currency.value = "修改后的 currency";
console.log(moneyobj.currency.value);
```

如果是使用获取已有对象的方法，需要使用 Java. choose 方法：

```
var money = Java.use("com.xiaojianbang.hook.Money");
Java.choose("com.xiaojianbang.hook.Money",{
    onMatch:function(obj){
        console.log("Java onMatch:",obj.currency.value);
    },
    onComplete:function(){
    }
})
```

值得注意的是，如果一个类中的字段名和方法名一样，如在测试应用的 BankCard 类中，存在一个方法 accountName 和类中的字段同名：

```
package com.xiaojianbang.hook;

public class BankCard {
    private String accountName;

    public String accountName() {
        return this.accountName;
    }
}
```

这种情况下，如果使用如下代码直接进行访问，会返回 undefind：

```
Java.choose("com.xiaojianbang.hook.BankCard",{
    onMatch:function(obj){
      console.log("Java onMatch:",obj.accountName.value);
    },
    onComplete:function(){
    }
})
```

但是如果把其中的 obj.accountName.value 修改为 obj._accountName.value 就可以成功访问。因此在类方法和字段名相同时需要注意在字段前加下画线前缀。

2.2.2 Hook 内部类和匿名类

在 Java 中，可以将一个类定义在另一个类或者一个方法里面，这样的类称为内部类。比如在测试应用的 Wallet 类中还存在一个 InnerStructure 类：

```
package com.xiaojianbang.hook;
import java.util.ArrayList;
public class Wallet {
    public class InnerStructure {
        private ArrayList <BankCard > bankCardsList = new ArrayList < > ();

        public InnerStructure() {
        }
        public String toString() {
            return this.bankCardsList.toString();
        }
    }
```

要访问到这个内部类，不论是使用 Wallet 类定位，还是使用 InnerStructure 类定位都是不合适的，正确的方法是在类和内部类名之间加上 $ 字符：

```
var Wallet $InnerSturcture = Java.use("com.xiaojianbang.hook.Wallet $Inner-
Structure");
console.log(Wallet $InnerSturcture);
```

如果想要访问这个内部类中的非静态字段 bankCardsList，依然需要使用 Java.choose：

```
Java.choose("com.xiaojianbang.hook.Wallet $InnerStructure",{
    onMatch:function(obj){
        console.log("Java Wallet $InnerSturcture:",obj.bankCardsList.value);
    },
    onComplete:function(){
    }
})
```

内部类的访问就到此为止，接下来讲解匿名类的访问。匿名类是一个没有名字的类，是内部类的简化写法，它本质上是继承该类或者实现接口的子类匿名对象。

在测试应用的 onCreate 中，存在一个匿名类的调用：

```
logOutPut(new Money("欧元", ItemTouchHelper.Callback.DEFAULT_DRAG_ANIMA-
TION_DURATION) {
        @ Override // com.xiaojianbang.hook.Money
        public String getInfo() {
            return getCurrency() + " " + getAmount() + " 这是匿名内部类";
        }
    }.getInfo());
```

想要识别匿名类并不难，匿名类的特点是 new 关键词后边跟类或者接口，加花括号的意思是直接定义一个类，里边的 getInfo 方法实际上是覆写了 Money 中的 getInfo 方法。

按照传统的方法来 Hook 这个匿名 Money 类中的 getInfo 方法：

```
function test(){
    Java.perform(function(){
        var money = Java.use("com.xiaojianbang.hook.Money");
        money.getInfo.implementation = function(){
            var result = this.getInfo();
            console.log(result);
            return result;
        }
```

```
    })
};
test();
```

会发现匿名类完全没有被访问到，这是因为匿名类的访问也是存在专有方法的，需要在对应的 package 中查看相应的 Smali 语法，这个匿名类对应的 Smali 语法为 com. xiaojianbang. app. MainActivity $1，借助这个 Smali 语法可以完成类的定位：

```
var money = Java.use("com.xiaojianbang.app.MainActivity $1");
money.getInfo.implementation = function(){
    var result = this.getInfo();
    console.log(result);
    return result;
}
```

这样就可以成功访问到匿名类 Money 中覆写的 getInfo 方法了。

2.2.3　枚举所有已加载的类和枚举类的所有方法

本小节中来讲解枚举所有已加载的类和枚举类的所有方法。枚举所有已加载的类较为简单，存在现成的 API 供开发者调用：

```
function test(){
    Java.perform(function(){
        console.log(Java.enumerateLoadedClassesSync().join('\n'));
    })
};
test();
```

枚举类里边的所有方法需要用到反射，一般情况下，开发者在使用某个类时应当知道它是什么类，也应当知道它的用途，而反射则是不知道要初始化的类对象是什么，所以无法使用 new 关键字来创建对象，这时，开发者就会使用反射。枚举类的所有方法显然满足这个前提：

```
function test(){
    Java.perform(function(){
        var wallet = Java.use("com.xiaojianbang.hook.Wallet");
        var methods = wallet.class.getDeclaredMethods();
        for(var i = 0;i < methods.length;i ++){
```

```
                console.log(methods[i].getName());
        };
});
};
test();
```

但是这样无法获取到构造方法，构造方法的获取需要进行额外处理：

```
var constructor = wallet.class.getDeclaredConstructors();
for(var j = 0;j < constructor.length;j ++){
    console.log(constructor[j].getName());
}
```

将这一段代码写入 JavaScript 脚本，即可将类的所有方法枚举出来，输出结果如下：

```
setFlag
addBankCard
deposit
getBalance
getBrand
getName
withdraw
com.xiaojianbang.hook.Wallet
```

可以看到构造方法在最后也被枚举了出来。此外，如果想要枚举一个类中的全部字段和全部内部类也是可以的：

```
var fields = wallet.class.getDeclaredFields();
var classes = wallet.class.getDeclaredClasses();
```

其中的 getDeclaredFields 方法会获取到类中的全部字段，getDeclaredClasses 会获取到类中的全部内部类。接着只需要再对 fields 和 classes 进行循环迭代，就可以得到一个类中的全部字段名和内部类名了。

2.2.4　Hook 类的所有方法

Hook 类的所有方法需要用到刚才所学的知识，先把枚举类的所有方法和 Hook 类的所有重载写出来，用它来 Hook 测试应用中的 Utils 类：

```
function test(){
    Java.perform(function(){
```

```
        var Utils = Java.use("com.xiaojianbang.hook.Utils");
        var methods = Utils.class.getDeclaredMethods();
        for(let k = 0; k < methods.length; k++){
            var methodName = methods[k].getName();
            var overloadArr = Utils[methods[k].getName()].overloads;
            console.log("fun:",methodName);
            for(var i = 0; i < overloadArr.length; i++){
                overloadArr[i].implementation = function(){
                    var params = "";
                    for(var j = 0; j < arguments.length; j++){
                        params += arguments[j] + " ";
                    };
                    console.log("utils." + methodName + " is called! params is:",params);
                    return this[methodName].apply(this,arguments);
                }
            }
        };
    });
    };
    test();
```

注入上述代码后，会发现方法名打印都是正确的，但是最后 apply 调用时发生了错误：

```
fun: getCalc
fun: getCalc
fun: getCalc
fun: myPrint
fun: myPrint
fun: myPrint
fun: shufferMap
fun: verifyStoragePermissions
```

不论是哪一个方法的参数，最终都会被放到最后一个获取的方法 verifyStoragePermissions 中进行调用，这个错误并非是 Frida 框架的原因，而是 JavaScript 代码的 var 关键字的缘故，如果将代码第 6 行中的 var 修改为 let，代码就可以正常注入了。主要原因在于 JavaScript 的 for 循环每次执行都是一个全新的独立块作用域，而用 let 声明的变量传入 for 循环的作用域后不会发生改变，不受外界影响。

2.3　实战：某嘟牛协议分析

本节将会系统应用上述所学知识，对一个实际案例进行协议分析。首先会分析该案例在 Java 层的登录协议，接着使用 Frida 框架辅助协议分析，最后再使用 Frida 框架生成加密参数。

2.3.1　某嘟牛 Java 层登录协议分析

本节进入协议分析的实战，把前文讲述过的知识整合起来，以某嘟牛 Android 端应用的登录协议分析为例，读者可在随书资源中找到该应用。

首先需要进入该应用的登录界面，因为登录操作实际上是 Android 应用向服务器发送了数据包，进行了客户端-服务器的交互。所以需要在计算机中开启抓包工具准备抓取登录请求数据包，这里使用的是 Fiddler 抓包工具。

本次测试输入的手机号码为"18888888888"，密码为"123466"，输入手机号码和登录密码后，再单击"登录"按钮，可以在抓包工具中找到对应登录请求的数据包。

可以发现该应用的登录操作是向 URL 为/api/user/login 的接口发起了一个 POST请求，发送的是一个 JSON 格式的数据，发送的数据如下所示：

{" Encrypt ":" NIszaqFPoslvd0pFqKlB42Np5itPxaNH \ / \ /FDsRnlBfgL4lcVxjXii \ /UN-cdXYMk0EHdbdwRDGADPl \nHWUZg8GnyuWCdTkOxZ5dGPTeP1qw \/ kGUAtkGTudgqY9jxm7SJrNd-37Se5K + 3g + ZJKr7GIFJnAM8J \n8Srdw1uxdGY3Ov + UACiCE4uFfgPE29mcxwCsCWjD50g + Q19ODj8qn9FjJZLRYGvtx0ioGM42 \n"}

其中包含了一个名为 Encrypt 的键值对，显然对应的值是经过加密的。如果想要复现该登录操作，就需要明白 Encrypt 参数的加密方式，方便在脚本中重现该参数。接下来，将该应用放入反编译工具中查看源代码，用于了解该参数的加密方式，这里选择jadx 反编译工具。

因为这里只有一个 Encrypt 加密参数，直接对它进行全局搜索即可，在全局搜索参数后，找到了如图 2-1 所示的 24 个结果，数量不多，可以分别查看其对应的节点位置，主要寻找节点信息与抓包信息中相关的地方，发现类 com. xxxx. online. http. JsonRequest是进行 JSON 操作的，而且包含所需要的 Encrypt 参数，因此选择进入其中。

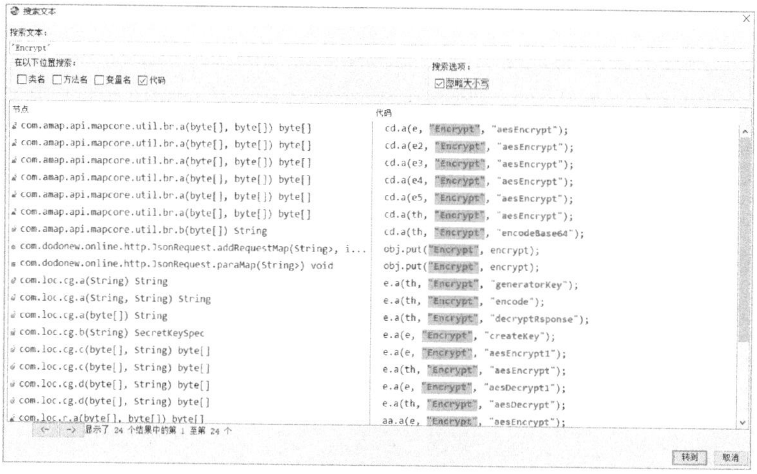

● 图2-1　全局搜索加密参数

　　由于该类存在 addRequestMap 和 paraMap 两个节点，无法直接从列表中进行分辨，需要依次进入内部进行确认，先进入 paraMap 节点中进行查看。

　　进入该节点所在的 Java 代码之后，发现此处确实在操作 Encrypt 加密参数，而且其中存在 DES 加密行为，由此可以推测这里就是参数的加密函数，应用内 paraMap 函数代码如下所示：

```
private void paraMap(Map < String, String > addMap) {
    String encrypt;
    String time = System.currentTimeMillis() + "";
    if (addMap == null) {
        addMap = new HashMap < > ();
    }
    if (this.useDes) {
        addMap.put("timeStamp", time);
        if (DodonewOnlineApplication.loginUser != null) {
            addMap.put("userId",
                DodonewOnlineApplication.loginUser.getUserId());
            if (TextUtils.isEmpty(DodonewOnlineApplication.devId)) {
                DodonewOnlineApplication.devId =
                Utils.getDevId(DodonewOnlineApplication.getAppContext());
            }
            addMap.put("imei", "Android" + DodonewOnlineApplication.devId);
        }
        encrypt = RequestUtil.encodeDesMap(RequestUtil.paraMap(addMap,
            Config.BASE_APPEND, "sign"), this.desKey, this.desIV);
```

```
        } else {
            encrypt = this.mGson.toJson(addMap);
        }
        JSONObject obj = new JSONObject();
        try {
            obj.put("Encrypt", encrypt);
            this.mRequestBody = obj + "";
        } catch (JSONException e) {
            e.printStackTrace();
        }
    }
```

单纯进行静态分析只能是推测，无法得出确切的结论。下一步，将会使用 Frida
框架辅助 Hook 来验证猜想。

2.3.2　Frida 框架辅助协议分析

本小节使用 Frida 框架来辅助协议分析。启用 Frida 框架，开始编写代码 Hook para-
Map 方法，该方法所处的类为 com.xxxx.online.http.JsonRequest，又包含一个参数，
因此编写的 Hook 代码中也传递一个参数，在这里先不进行任何操作，只是在该方法
被调用时打印调试日志，并将结果原封不动返回。这样做是为了贯彻一步一调试的理
念，防止编写了大量代码之后，代码出错，却难以定位错误位置的情况。代码如下：

```
Java.perform(function(){
    var josnRequest = Java.use("com.xxxx.online.http.JsonRequest");
    josnRequest.paraMap.implementation = function(a){
        console.log("jsonRequest.paraMap is called!");
        return this.paraMap(a);
    }})
```

接着，将该文件保存为 dudu.js，在命令行输入以下命令，将 Hook 代码注入某嘟
牛应用之中：

```
frida -U -F -l dudu.js --no-pause
```

为了验证登录是否调用了 paraMap 方法，再次在应用中输入用户名和密码并单击
"登录" 按钮，发现 Frida 框架并没有输出任何内容。通常来说，当 Hook 的方法没有
被触发时，需要考虑以下几种情况。

- 应用在执行这个操作时，没有调用这个方法，寻找其他节点。
- 代码错误导致 Hook 方法失效。
- 通过主动调用上层函数来触发 Hook 方法。

这里考虑第一种情况，在一开始的全局搜索中还存在一个节点 addRequestMap，因此在 Hook 代码中再对 addRequestMap 方法进行 Hook：

```
josnRequest.addRequestMap.overload('java.util.Map', 'int').implementation =
function(a,b){
    console.log("jsonRequest.addRequestMap is called!");
    return this.addRequestMap(a,b);
```

再次在应用中单击"登录"按钮，发现命令行输出"jsonRequest. addRequestMap is called!"，可以得知该应用的登录调用的是 addRequestMap 方法，该方法的 Java 源代码如下所示：

```
public void addRequestMap(Map < String, String > addMap, int a) {
    String time = System.currentTimeMillis() + "";
    if (addMap == null) {addMap = new HashMap < > ();}
    addMap.put("timeStamp", time);
    String encrypt = RequestUtil.encodeDesMap(
        RequestUtil.paraMap(addMap, Config.BASE_APPEND, "sign"),
        this.desKey,
        this.desIV);
    JSONObject obj = new JSONObject();
    try {
        obj.put("Encrypt", encrypt);
        this.mRequestBody = obj + "";
    } catch (JSONException e) {
        e.printStackTrace();
    }
}
```

可以发现在该代码中，Encrypt 参数由方法 RequestUtil. encodeDesMap 的返回值赋值而来，因此需要先进入 encodeDesMap 弄清楚其中的三个参数。使用 Hook 可以很轻易地得到这三个参数传入的内容，编写如下 Hook 代码：

```
var encodeDesMap = Java.use("com.xxxx.online.http.RequestUtil");
encodeDesMap.encodeDesMap.overload
('java.lang.String', 'java.lang.String', 'java.lang.String').implementation =
function(a,b,c){
```

```
console.log("encodeDesMap.encodeDesMap is called!");
console.log("data:",a);
console.log("deskey:",b);
console.log("desiv:",c);
console.log("resul:",this.encodeDesMap(a,b,c))
return this.encodeDesMap(a,b,c);
};
```

再次回到应用中单击"登录"按钮，触发 Hook 代码，得到以下输出内容：

```
data:{"equtype":"ANDROID","loginImei":"Androidnull",
    "sign":"70476AE5DE305392CE74AA654EA5652A",
    "timeStamp":"1565857384559","userPwd":"123456","username":"18888888888"}
deskey: 65102933
desiv: 32028092
result:NIszaqFPos1vd0pFqKlB42Np5itPxaNH//FDsRnlBfgL4lcVxjXii/UNcdXYMk0EIYkj9
tIaMbmJYX80Qxo5xi4NCK1MLfKvo/dyAaXP/MDxJjIb0/urPiCVwtbUU3sGHKeLDc6esl
WEHo0cUzjGnT7InDNN3cWDsBZKjUtcY2gwkiT96neXlx0jpzXKclFfIXMvidgmGXavvp
N0lu09SI00cgijog+F
```

可以得知，第一个参数 data 中包含了用户传入的用户名和密码，equtype 和 loginImei 是固定的，timeStamp 作为时间戳是动态变化的，由于知道了 DES 加密的 key 和 iv，因此要复现该 DES 加密也就很简单了。返回的 result 加密结果和一开始抓包得到的加密参数基本一致，唯一需要再次确定的是参数 sign，该值很明显也经过了加密，在 addRequestMap 方法中可以定位到参数 sign 的加密函数：

```
public static String paraMap(Map<String,String>addMap,String append,String sign) {
    try {
        Set<String> keyset = addMap.keySet();
        StringBuilder builder = new StringBuilder();
        List<String> list = new ArrayList<>();
        for (String keyName : keyset) {
            list.add(keyName + "=" + addMap.get(keyName));
        }
        Collections.sort(list);
        for (int i = 0; i < list.size(); i++) {
            builder.append(list.get(i));
            builder.append("&");
```

39

```
        }
        builder.append("key=" + append);
        addMap.put("sign", Utils.md5(builder.toString()).toUpperCase());
        String result = new Gson().toJson(sortMapByKey(addMap));
        Log.w(AppConfig.DEBUG_TAG, result + "result");
        return result;
    } catch (Exception e) {
        e.printStackTrace();
        return "";
    }
}
```

参数 sign 的生成过程是将 addMap 中的键值对依次取出，使用" = "连接后添加到列表 list 中，并对 list 进行排序，之后依次迭代列表 list，把其中的每个元素用"&"连接起来，再添加一个 key 键值对，最后进行了 MD5 加密。只需要对 MD5 函数进行 Hook，就可以跳过复杂的加密过程，得到其中的字符串参数了：

```
var md5Str = Java.use("com.xxxx.online.util.Utils");
md5Str.md5.implementation = function(a){
    console.log("md5Str:",a);
    return this.md5(a);
}
```

再次单击"登录"按钮，可以得到 MD5 加密之前的字符串明文：

```
equtype = ANDROID&loginImei = Androidnull&timeStamp = 1565858285153&userPwd =
123456&username =18888888888&key = sdlkjsdljf0j2fsjk
```

到此为止，该应用的登录协议已经分析完毕。有了上边 Frida 框架辅助 Hook 得到的内容，复现该登录算法也就比较容易了。

2.3.3 Frida 框架生成加密参数

了解了应用的基本加密流程之后，使用 Frida 框架生成加密参数，只需要熟练掌握Frida框架的 API 即可。

Hook 脚本的代码需要存放在 Java. perform 之中，再使用 Java. use 分别定位到加密点所在的类，有重载方法的 Hook 重载方法，没有重载方法的直接覆写。

该应用登录加密算法的 Hook 代码如下所示：

```
Java.perform(function (){
    console.log("start hooking…");
    var jsonRequest = Java.use("com.xxxx.online.http.JsonRequest");
    var requestUtil = Java.use("com.xxxx.online.http.RequestUtil");
    var utils = Java.use("com.xxxx.online.util.Utils");
    jsonRequest.paraMap.implementation = function (a) {
        console.log("jsonRequest.paraMap is called");
        return this.paraMap(a);
    }
    jsonRequest.addRequestMap.overload('java.util.Map', 'int').implementation
= function(addMap, a) {
        console.log("jsonRequest.addRequestMap is called");
        return this.addRequestMap(addMap, a);
    }
  requestUtil.encodeDesMap.overload('java.lang.String', 'java.lang.String',
'java.lang.String').implementation = function (data, desKey, desIV) {
        console.log("data: ", data, desKey, desIV);
        var encodeDesMap = this.encodeDesMap(data, desKey, desIV);
        console.log("encodeDesMap: ", encodeDesMap);
        return encodeDesMap;
    }
    utils.md5.implementation = function (a) {
        console.log("sign data: ", a);
        var md5 = this.md5(a);
        console.log("sign: ", md5);
        return md5;
    }
});
```

小　结

　　本章通过 Frida 框架对 Android 应用的 Java 层进行了 Hook，并通过实战案例进行了巩固，但是对 Java 层的 Hook 仅仅是 Frida 框架中最简单的功能，熟练掌握本章节内容是后续进行逆向实战的基础。

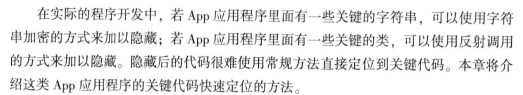

第 3 章 关键代码快速定位

在实际的程序开发中，若 App 应用程序里面有一些关键的字符串，可以使用字符串加密的方式来加以隐藏；若 App 应用程序里面有一些关键的类，可以使用反射调用的方式来加以隐藏。隐藏后的代码很难使用常规方法直接定位到关键代码。本章将介绍这类 App 应用程序的关键代码快速定位的方法。

首先，观察以下这段代码：

```
...
public class MainActivity extends AppCompatActivity {
    @Override
    public void onCreate(Bundle savedInstanceState) {
        super.onCreate(savedInstanceState);
        setContentView(R.layout.activity_main);
        try {
            Class<?> a =
Class.forName(dd("amF2YS5zZWN1cml0eS5NZXNzYWdlRGlnZXN0"));
            Object b = a.getMethod(dd("Z2V0SW5zdGFuY2U="), String.class).in-
voke(a, dd("TUQ1"));
            a.getMethod(dd("dXBkYXRl"), byte[].class).invoke(b, "12345678".
getBytes());
            HashMap<String, String> hashMap = new HashMap<>();
            hashMap.put(dd("cGFzc3dvcmQ="), Base64.encodeToString((byte[]) a.
getMethod(dd("ZGlnZXN0"), new Class[0]).invoke(b, new Object[0]), 0));
            Log.d("xiaojianbang", hashMap.toString());
        } catch (Exception e) {
            e.printStackTrace();
        }
    }
    public String dd(String cipherText) {
        return new String(Base64.decode(cipherText, 0));
    }
}
```

上述代码本质上是对字符串 12345678 进行 MD5 加密，加密后的结果经过 Base64 编码后，放入 HashMap 集合中。只不过使用了简单的混淆方法，字符串加密和反射调用某些系统类。上述混淆效果可以使用 dexlib2 来自动实现，不过这不是本书的主要内容，暂不在本书展开讲解。

在静态分析时，这些代码逻辑并不能看出来，只知道这里使用了字符串加密，使用了反射调用，但具体在操作什么，还需要对字符串进行解密后才能一目了然。上述手段在 App 应用程序中，可以不大批量应用，只将一小部分关键代码进行加密即可。比如，App 应用程序里面可能有一万个类，只有关键的十几个类是这么去处理的。在逆向分析中，一开始看到的可能是一些正常的类，不会联想到 App 应用程序中进行了字符串加密反射调用等操作。这时使用常规方式，如直接搜索关键字，就不能快速定位到关键代码了。

上述代码将加密后的字符串传入 dd 函数中解密后使用，将所有加密字符串解密替换后，代码如下：

```
...
public class MainActivity extends AppCompatActivity {
    @Override
    public void onCreate(Bundle savedInstanceState) {
        super.onCreate(savedInstanceState);
        setContentView(R.layout.activity_main);
        try {
            Class < ? > a = Class.forName("java.security.MessageDigest");
            Object b = a.getMethod("getInstance", String.class).invoke(a, "MD5");
            a.getMethod("update", byte[].class).invoke(b, "12345678".getBytes());
            HashMap < String, String > hashMap = new HashMap < > ();
            hashMap.put("password", Base64.encodeToString((byte[]) a.getMethod
("digest", new Class[0]).invoke(b, new Object[0]), 0));
            Log.d("xiaojianbang", hashMap.toString());
        } catch (Exception e) {
            e.printStackTrace();
        }
    }
    public String dd(String cipherText) {
        return new String(Base64.decode(cipherText, 0));
    }
}
```

经过字符串解密后，对 Java 反射比较熟悉的开发者，可以看出其实是在反射调用 Java 的标准算法 MD5。上述代码中的 Base64.encodeToString 也可以使用反射调用，然后通过字符串加密来加以隐藏，但是最终调用的还是 Base64 类的 encodeToString 方法。也就是说，这种混淆方式可以防御直接搜索，但无法防御 Hook。除非使用的函数都由自己来实现，但需要注意的是，不是所有系统函数都可以自己实现。

从上述案例中可以看出，只要 App 应用程序想要调用系统函数，不管如何混淆，最终在调用时，系统函数的类名和方法名都是不变的。而在 App 应用程序的开发中，又不可避免地需要使用系统函数。因此，通过 Hook 一些系统函数来定位关键代码，是逆向分析中的基本操作。

3.1 集合的 Hook

在本节中将会讲解 Android 应用中集合的 Hook，包括定位散列表 HashMap、定位动态数组 ArrayList 和打印函数堆栈。其中的打印函数堆栈是特别常用的，需要读者熟练掌握并应用在逆向分析中。

3.1.1 Hook HashMap 定位散列表

App 应用程序在处理数据、提交数据时，通常会将数据存放于集合中，而 HashMap 又是其中较为常用的。因此，可以通过 Hook HashMap 的 put 方法来定位关键代码所在位置。

具体实现代码如下：

```
var hashMap = Java.use("java.util.HashMap");
hashMap.put.implementation = function (a, b) {
    console.log("HashMap.put: ", a, b);
    return this.put(a, b);
}
```

上述代码输出传入的实参后，再原样传入原函数中。

以某嘟牛 App 应用程序的登录为例，Hook 以后得到如下输出：

```
...
HashMap.put:  username 13866668888
HashMap.put:  userPwd a12345678
HashMap.put:  equtype ANDROID
```

```
HashMap.put:  loginImei Androidnull
HashMap.put:  timeStamp 1634286843985
HashMap.put:  sign 4DCB9637E9AD0D5AF405381307441EA7
...
```

与 HashMap 类一样常用的还有 LinkedHashMap、ConcurrentHashMap。当 Hook HashMap 没有得到想要的结果时，可以尝试 Hook 这两个类。另外 HashSet 和 Linked-HashSet 也较为常用，但这两个类底层调用的是 HashMap 和 LinkedHashMap。

由此可知，除了掌握本书中所写的代码案例外，读者也应该学会自己去拓展 Hook 相关的类和方法，因为这些类和方法的 Hook 思路是一致的，代码的重合度是较高的，多去动手实践才能快速进步。

3.1.2　打印函数栈

经过上一小节的介绍，大家已经发现某嘟牛 App 应用程序在处理数据时，将数据存放于 HashMap 中。如果能够知道哪个函数调用了 HashMap 的 put 方法，就可以定位到关键代码所在位置。此时，就需要通过打印函数栈来获取函数调用流程。

想要在 Java 代码中打印函数栈，可以使用 Log 类的 getStackTraceString 方法。

具体实现代码如下：

```
Log.getStackTraceString(new Throwable());
```

上述代码可以在某个 Java 的方法中使用，通过制造异常的方式来获取当前的函数栈信息。那么如果要在 Frida 中使用，可以主动调用 Log 类的 getStackTraceString 方法，传入 Throwable 类的对象即可。

具体实现代码如下：

```
function showStacks(){
    Java.perform(function(){
        console.log(
            Java.use("android.util.Log").getStackTraceString(
                Java.use("java.lang.Throwable").$new()));
    });
}
```

在任意想要打印函数栈的地方调用函数 showStacks 即可。但是有些系统函数较为常用，打印函数栈之前，需要先做过滤，不然 App 应用程序容易崩溃。

将上一小节的代码稍作修改，代码如下：

```
var hashMap = Java.use("java.util.HashMap");
hashMap.put.implementation = function (a, b) {
    if(a == "username"){
        showStacks();
        console.log("hashMap.put: ", a, b);
    }
    return this.put(a, b);
}
/*
    java.lang.Throwable
        at java.util.HashMap.put(Native Method)
        at com.xxxx.ui.LoginActivity.login(LoginActivity.java:127)
        at com.xxxx.ui.LoginActivity.onClick(LoginActivity.java:103)
        at android.view.View.performClick(View.java:7140)
        at android.view.View.performClickInternal(View.java:7117)
        at android.view.View.access $3500(View.java:801)
        at android.view.View $PerformClick.run(View.java:27351)
        at android.os.Handler.handleCallback(Handler.java:883)
        at android.os.Handler.dispatchMessage(Handler.java:100)
        at android.os.Looper.loop(Looper.java:214)
        at android.app.ActivityThread.main(ActivityThread.java:7356)
        at java.lang.reflect.Method.invoke(Native Method)
        at com.android.internal.os.RuntimeInit $MethodAndArgsCaller.run
(RuntimeInit.java:492)
        at com.android.internal.os.ZygoteInit.main(ZygoteInit.java:930)
    hashMap.put:  username 13866668888
*/
```

上述输出的函数栈信息中，越下面的函数，执行得越早。由上述输出结果可知，com.xxxx.ui.LoginActivity.onClick 和 com.xxxx.ui.LoginActivity.login 是需要重点关注的两个类。因为其他都是系统类，没有 App 应用程序的具体业务逻辑。

反编译以后，某嘟牛 App 应用程序中对应的 login 函数代码如下：

```
private void login(String userName, String pwd) {
    this.DEFAULT_TYPE = new TypeToken < RequestResult < User > > () {
    }.getType();
    this.para.clear();
    this.para.put("username", userName);
```

```
        this.para.put("userPwd", pwd);
    if (TextUtils.isEmpty(DodonewOnlineApplication.devId)) {
        DodonewOnlineApplication.devId =
Utils.getDevId(DodonewOnlineApplication.getAppContext());
    }
this.para.put("equtype", Config.equtype);
        this.para.put("loginImei", "Android" + DodonewOnlineApplication.devId);
        requestNetwork("user/login", this.para, this.DEFAULT_TYPE);
}
```

将各种参数放入 HashMap 中，然后调用 requestNetwork 开始提交数据。由上述代码可知，在 login 函数中，参数还没有进行加密。

3.1.3　Hook ArrayList 定位动态数组

Java 集合 ArrayList 在开发中也很常用，也可以作为定位关键代码所在位置的方法之一。依然以某嘟牛 App 应用程序的登录为例，Hook ArrayList 的 add 方法，查看输出结果。

具体实现代码如下：

```
var arrayList = Java.use("java.util.ArrayList");
arrayList.add.overload('java.lang.Object').implementation = function (a) {
    console.log("ArrayList.add: ", a);
    return this.add(a);
}
arrayList.add.overload('int', 'java.lang.Object').implementation = function (a, b) {
    console.log("ArrayList.add: ", a, b);
    return this.add(a, b);
}
/*

    ...
    ArrayList.add: timestamp =1624888626128
    ArrayList.add: loginImei =Androidnull
    ArrayList.add: equtype =ANDROID
    ArrayList.add: userPwd =a12345678
    ArrayList.add: username =13866668888
    ...
 */
```

　　ArrayList 类的 add 方法有两个重载形式，全部 Hook 以后，从输出结果中可以看到需要的敏感信息。以 username = 13866668888 进行过滤，打印函数栈，即可定位到关键代码所在位置。将上述代码稍作修改，得到如下输出：

```
var arrayList = Java.use("java.util.ArrayList");
arrayList.add.overload('java.lang.Object').implementation = function (a) {
    if(a.equals("username =13866668888")){
        showStacks();
        console.log("ArrayList.add: ", a);
    }
    return this.add(a);
}
...
/*
    java.lang.Throwable
        at java.util.ArrayList.add(Native Method)
        at com.xxxx.http.RequestUtil.paraMap(RequestUtil.java:71)
        at com.xxxx.http.JsonRequest.addRequestMap(JsonRequest.java:112)
        at com.xxxx.ui.LoginActivity.requestNetwork(LoginActivity.java:161)
        at com.xxxx.ui.LoginActivity.login(LoginActivity.java:134)
        at com.xxxx.ui.LoginActivity.onClick(LoginActivity.java:103)
        ...
    ArrayList.add:  username =13866668888
*/
```

　　反编译以后，某嘟牛 App 应用程序中对应的 paraMap 函数代码如下：

```
public static String paraMap(Map <String, String> addMap, String append, String
sign) {
    try {
        Set <String> keyset = addMap.keySet();
        StringBuilder builder = new StringBuilder();
        List <String> list = new ArrayList < >();
        for (String keyName : keyset) {
            list.add(keyName + "=" + addMap.get(keyName));
        }
        Collections.sort(list);
        for (int i = 0; i < list.size(); i ++) {
            builder.append(list.get(i));
            builder.append("&");
        }
```

```
        builder.append("key = " + append);
        addMap.put("sign", Utils.md5(builder.toString()).toUpperCase());
        String result = new Gson().toJson(sortMapByKey(addMap));
        Log.w(AppConfig.DEBUG_TAG, result + "result");
        return result;
    } catch (Exception e) {
        e.printStackTrace();
        return "";
    }
}
```

上述代码先将 HashMap 中的数据放入 ArrayList 中, 再进行排序。之后放入 String-Builder 中, 拼接成字符串后, 使用 MD5 算法进行加密, 得到 sign 值。顺着函数栈继续往上层找函数, 就可以看到 login 函数, 该函数在上一小节已经介绍。

除了 Hook ArrayList 的 add 方法以外, 还可以尝试 Hook ArrayList 的 addAll、set 方法。只要对开发有足够了解, 那么就能发现大量能够快速定位关键代码的 Hook 点。

3.2 组件与事件的 Hook

在本节中, 将会讲解在关键代码快速定位中, 如何利用组件和事件的 Hook 进行快速定位, 包括定位提示、定位组件和定位按钮点击事件。当然, 在学习了本节的内容之后, 读者可以根据自己的开发经验, 尝试去 Hook 其他可用于快速定位的代码。

3.2.1 Hook Toast 定位提示

依然以某嘟牛 App 应用程序的登录为例, 该 App 应用程序在登录失败时, 会弹出一个提示: 账号或密码错误。根据弹出的组件的样式, 猜测使用的是 Toast 组件。如果想要将 Toast 显示出来, 就需要使用到 Toast 类中的 show 方法。

通过 Hook 这个函数, 打印函数栈, 得到如下输出:

```
var toast = Java.use("android.widget.Toast");
toast.show.implementation = function() {
    showStacks();
    console.log("Toast.show");
    return this.show();
```

```
}
/*
java.lang.Throwable
        at android.widget.Toast.show(Native Method)
        at com.xxxx.util.ToastMsg.showToastMsg(ToastMsg.java:66)
        at com.xxxx.base.ProgressActivity.showToast(ProgressActivity.java:81)
        at com.xxxx.ui.LoginActivity $2.onResponse(LoginActivity.java:156)
        at com.xxxx.ui.LoginActivity $2.onResponse(LoginActivity.java:145)
        at com.xxxx.http.JsonBaseRequest.deliverResponse(JsonBaseRequest.java:25)
        ...
    Toast.show
*/
```

从上述输出结果中，可以看到函数栈中有名为 onResponse 的函数，很有可能是提交请求时设置的回调函数。

从反编译出来的代码中找到这个函数，代码如下：

```
private void requestNetwork(final String cmd, Map <String, String > para2,
Type type) {
    showProgress();
    this.request = new JsonRequest(this, "http://api.dodovip.com/api/" + cmd,
"", new Response.Listener <RequestResult >() {
        public void onResponse(RequestResult requestResult) {
            if (!requestResult.code.equals(a.e)) {
                LoginActivity.this.showToast(requestResult.message);
            } else if (cmd.equals("user/login")) {
                xxxxApplication.loginUser = requestResult.data;
                xxxxApplication.loginLabel = "mobile";
                Utils.saveJson(LoginActivity.this, xxxxApplication.loginLabel,
Config.LOGINLABEL_JSON);
                LoginActivity.this.intentMainActivity();
            }
            LoginActivity.this.dissProgress();
        }
    }, this, type);
    this.request.addRequestMap(para2, 0);
    xxxxApplication.addRequest(this.request, this);
}
```

其实 requestNetwork 就是发起登录请求的地方，在上一小节的函数栈中也出现过。其中 onResponse 函数就是设置的回调函数。发起请求之前显示进度条（showProgress），请求结束后处理响应，显示 Toast 组件（showToast）及关闭进度条（dissProgress）。当进入 addRequestMap 函数中后，可以发现是在此处进行数据加密的。

反编译出来的对应代码如下：

```java
public void addRequestMap(Map<String, String> addMap, int a) {
    String time = System.currentTimeMillis() + "";
    if (addMap == null) {
        addMap = new HashMap<>();
    }
    addMap.put("timeStamp", time);
    String encrypt = RequestUtil.encodeDesMap(RequestUtil.paraMap(addMap,
Config.BASE_APPEND, "sign"), this.desKey, this.desIV);
    JSONObject obj = new JSONObject();
    try {
        obj.put("Encrypt", encrypt);
        this.mRequestBody = obj + "";
    } catch (JSONException e) {
        e.printStackTrace();
    }
}
```

如果在登录时不输入账号密码，直接单击“登录”按钮，也会有提示信息弹出来，也可以定位到关键代码所在位置，得到如下输出：

```
java.lang.Throwable
    at android.widget.Toast.show(Native Method)
    at com.xxxx.util.ToastMsg.showToastMsg(ToastMsg.java:66)
    at com.xxxx.base.ProgressActivity.showToast(ProgressActivity.java:81)
    at com.xxxx.ui.LoginActivity.checkInput(LoginActivity.java:89)
    at com.xxxx.ui.LoginActivity.onClick(LoginActivity.java:102)
    ...
Toast.show
```

反编译出来的 checkInput 和 onClick 函数代码如下：

```java
private boolean checkInput(String mobile, String pwd) {
    String msg = "";
    if (TextUtils.isEmpty(mobile)) {
```

```
            msg = "手机号码不能为空";
        } else if (TextUtils.isEmpty(pwd)) {
            msg = "登录密码不能为空";
        }
        if (TextUtils.isEmpty(msg)) {
            return true;
        }
        showToast(msg);
        return false;
    }
    public void onClick(View v) {
        switch (v.getId()) {
            case R.id.btn_forget_password:
                startActivity(new Intent(this, FindPasswordActivity.class));
                return;
            case R.id.btn_login:
                String mobile = ((Object) this.etMobile.getText()) + "".trim();
                String pwd = ((Object) this.etPwd.getText()) + "".trim();
                Utils.hideSoftInput(this, this.etPwd);
                if (checkInput(mobile, pwd)) {
                    login(mobile, pwd);
                    return;
                }
                return;
            case R.id.view_third_login:
            default:
                return;
            case R.id.btn_register_now:
                startActivity(new Intent(this, RegisterActivity.class));
                return;
        }
    }
}
```

经过本小节的介绍，可以看出 App 应用程序给的提示信息越多，关键代码越容易被定位，如在 Windows 逆向中就很喜欢通过对话框来定位关键代码。由此可见，逆向分析的思想是通用的。

3.2.2 Hook findViewById 定位组件

在实际开发中,通常会使用 AppCompatActivity 类的 findViewById 方法,通过组件 id 来获取组件,再进行点击事件的绑定或数据的获取等操作。

以某嘟牛 App 应用程序的登录按钮为例,通过 SDK 中的 uiautomatorviewer 来查看组件 id,发现登录按钮的 id 为 btn_login。接着使用 Frida 来获取登录按钮 id 对应的数值,btn_login 是 R 类里面内部类 id 中的属性。

具体实现代码如下:

```
Java.perform(function () {
    var btn_login_id =Java.use("com.dodonew.online.R $id").btn_login.value;
    console.log("btn_login_id", btn_login_id);
});
// btn_login_id 2131558593
```

接下来 Hook AppCompatActivity 类的 findViewById 方法,当传入的值与 btn_login_id 相等时,打印函数栈,即可定位到寻找登录按钮组件的代码位置。

具体实现代码如下:

```
Java.perform(function () {
    var btn_login_id = Java.use("com.dodonew.online.R $id").btn_login.value;
    console.log("btn_login_id", btn_login_id);
    var appCompatActivity = Java.use("android.support.v7.app.AppCompatActivity");
    appCompatActivity.findViewById.implementation = function (a) {
        if(a == btn_login_id){
            showStacks();
            console.log("appCompatActivity.findViewById: ", a);
        }
        return this.findViewById(a);
    }
});
/*
    btn_login_id 2131558593
    java.lang.Throwable
        at android.app.Activity.findViewById(Native Method)
        at com.xxxx.ui.LoginActivity.initEvent(LoginActivity.java:67)
        at com.xxxx.ui.LoginActivity.onCreate(LoginActivity.java:48)
```

```
    at android.app.Activity.performCreate(Activity.java:7802)
    ...
  appCompatActivity.findViewById: 2131558593
 */
```

从上述输出结果中可以看出，登录按钮是在 initEvent 函数里面被传入 findViewById 中的。从反编译出来的代码中找到 initEvent 函数，代码如下：

```
private void initEvent() {
    findViewById(R.id.btn_login).setOnClickListener(this);
    findViewById(R.id.btn_forget_password).setOnClickListener(this);
    findViewById(R.id.btn_register_now).setOnClickListener(this);
}
```

3.2.3　Hook setOnClickListener 定位按钮点击事件

在实际开发中，按钮点击事件的绑定，通常使用 View 里面的 setOnClickListener 函数。因此，可以尝试 Hook 这个函数来定位按钮绑定点击事件的代码位置。

以某嘟牛 App 应用程序的登录按钮为例，通过 SDK 中的 uiautomatorviewer 来查看组件 id，发现登录按钮的 id 为 btn_login。接着 Hook setOnClickListener 函数，并使用 Frida 来获取登录按钮 id 对应的数值，比对组件 id，打印函数栈。

具体实现代码如下：

```
Java.perform(function () {
    var btn_login_id = Java.use("com.dodonew.online.R $id").btn_login.value;
    console.log("btn_login_id", btn_login_id);
    var view = Java.use("android.view.View");
    view.setOnClickListener.implementation = function (a) {
        if(this.getId() == btn_login_id){
            showStacks();
            console.log("view.id: " + this.getId());
            console.log("view.setOnClickListener is called");
        }
        return this.setOnClickListener(a);
    }
});
/*
    btn_login_id 2131558593
```

```
java.lang.Throwable
    at android.view.View.setOnClickListener(Native Method)
    at com.xxxx.LoginActivity.initEvent(LoginActivity.java:67)
    at com.xxxx.ui.LoginActivity.onCreate(LoginActivity.java:48)
    ...
view.id: 2131558593
view.setOnClickListener is called
*/
```

从上述输出结果中可知，登录按钮绑定点击事件的代码位置在 initEvent 函数中。由下方贴出的代码可知，setOnClickListener 函数传入的实参是 this，所以单击"登录"按钮后，会触发同一个类下定义的 onClick 函数。代码如下：

```
...
public class LoginActivity extends BasicActivity implements View.OnClickListener {
    ...
    private void initEvent() {
        findViewById(R.id.btn_login).setOnClickListener(this);
        findViewById(R.id.btn_forget_password).setOnClickListener(this);
        findViewById(R.id.btn_register_now).setOnClickListener(this);
    }
    public void onClick(View v) {
        switch (v.getId()) {
            case R.id.btn_forget_password:
                startActivity(new Intent(this, FindPasswordActivity.class));
                return;
            case R.id.btn_login:
                String mobile = ((Object) this.etMobile.getText()) + "".trim();
                String pwd = ((Object) this.etPwd.getText()) + "".trim();
                Utils.hideSoftInput(this, this.etPwd);
                if (checkInput(mobile, pwd)) {
                    login(mobile, pwd);
                    return;
                }
                return;
            case R.id.view_third_login:
            default:
```

```
            return;
        case R.id.btn_register_now:
            startActivity(new Intent(this, RegisterActivity.class));
            return;
    }
}
}
```

3.3　常用类的 Hook

在本节中，将会讲解如何通过常用类的 Hook 来实现关键代码快速定位，包括定位用户输入、定位 JSON 数据、定位排序算法、定位字符转化、定位字符串操作和定位 Base64 编码。

3.3.1　Hook TextUtils 定位用户输入

在开发中，从 EditText 组件中获取用户输入的数据后，通常需要判断是否为空。这时可能会使用到 TextUtils 的 isEmpty 方法，所以这个方法也可以作为定位关键代码所在位置的方法之一。只是这个方法很容易自己实现，在定位时不推荐优先考虑。依然以某嘟牛 App 应用程序的登录为例，Hook TextUtils 的 isEmpty 方法，查看输出结果。

具体实现代码如下：

```
var textUtils = Java.use("android.text.TextUtils");
textUtils.isEmpty.implementation = function (a) {
    console.log("TextUtils.isEmpty: ", a);
    return this.isEmpty(a);
}
/*
    TextUtils.isEmpty:  13866668888
    TextUtils.isEmpty:  a12345678
    TextUtils.isEmpty:
    TextUtils.isEmpty:  null
    TextUtils.isEmpty:  http://api.xxxx.com/api/user/login
    TextUtils.isEmpty:
```

```
2v +DC2gq7RuAC8PE5GZz5wH3/y9ZVcWhFwhDY9L19g9iEd075 +Q7xwewvfIN0g0ec/NaaF43/S0 =
* /
```

从抓到的登录数据包上的信息来看，最后一条输出是登录请求之后，服务端返回的响应。可以看到虽然返回的响应数据是加密的，但通过上述方法，依然能够快速定位到解密位置。

由于输出信息比较少，可以不用过滤，直接打印函数栈，得到如下输出：

```
var textUtils = Java.use("android.text.TextUtils");
textUtils.isEmpty.implementation = function (a) {
    showStacks();
    console.log("TextUtils.isEmpty: ", a);
    return this.isEmpty(a);
}
/*
    java.lang.Throwable
        at android.text.TextUtils.isEmpty(Native Method)
        at com.xxxx.ui.LoginActivity.checkInput(LoginActivity.java:81)
        at com.xxxx.ui.LoginActivity.onClick(LoginActivity.java:102)
        at android.view.View.performClick(View.java:7140)
        ...
    TextUtils.isEmpty:  13866668888
    ...
    java.lang.Throwable
        at android.text.TextUtils.isEmpty(Native Method)
        at com.xxxx.http.RequestUtil.decodeDesJson(RequestUtil.java:169)
        at com.xxxx.http.JsonRequest.parseNetworkResponse(JsonRequest.java:82)
        at com.android.volley.NetworkDispatcher.run(NetworkDispatcher.java:121)
    TextUtils.isEmpty:
2v +DC2gq7RuAC8PE5GZz5wH3/y9ZVcWhFwhDY9L19g9iEd075 +Q7xwewvfIN0g0ec/NaaF43/S0 =
* /
```

登录流程在之前的小节中已介绍过，此处不再介绍。来观察一下 App 应用程序中对于返回的响应是如何解密的。

在反编译出来的代码中找到 decodeDesJson 函数，代码如下：

```
public static String decodeDesJson(String json, String desKey, String desIV) {
```

```
    if (TextUtils.isEmpty(json)) {
        return json;
    }
    try {
        return new String(new DesSecurity(desKey, desIV).decrypt64(json), "UTF-8");
    } catch (Exception e) {
        e.printStackTrace();
        return json;
    }
}
```

decodeDesJson 函数传入被加密的数据、DES 的密钥、DES 的 iv，先判断被加密的数据是否为空，为空就直接返回，不为空就进行 DES 解密。至于某嘟牛 App 应用程序中的 DES 算法，在之前的章节中已经介绍过。而再往上一层函数 parseNetworkResponse，就是对返回的响应进行处理的地方。

3.3.2　Hook JSONObject 定位 JSON 数据

在协议逆向中，客户端与服务端进行数据交互时，通常会使用 JSON 数据作为中间数据进行交互。这时就会用到一些 JSON 解析相关的类，如 JSONObject、Gson 等。JSONObject 这个类使用的相对较少，因为不是很好用。而 Gson 使用的相对较多，但 Gson 并不是系统类，可以被混淆。

依然以某嘟牛 App 应用程序的登录为例，尝试 Hook JSONObject 类的 put 和 getString 方法，打印函数栈，得到如下输出：

```
var jSONObject = Java.use("org.json.JSONObject");
jSONObject.put.overload('java.lang.String', 'java.lang.Object').implementa-
tion = function (a, b) {
    showStacks();
    console.log("JSONObject.put: ", a, b);
    return this.put(a, b);
}
jSONObject.getString.implementation = function (a) {
    showStacks();
    var result = this.getString(a);
    console.log("JSONObject.getString: ", a, result);
    return result;
```

```
}
/*
    java.lang.Throwable
        at org.json.JSONObject.put(Native Method)
        at com.xxxx.http.JsonRequest.addRequestMap(JsonRequest.java:116)
        at com.xxxx.ui.LoginActivity.requestNetwork(LoginActivity.java:161)
        at com.xxxx.ui.LoginActivity.login(LoginActivity.java:134)
        at com.xxxx.ui.LoginActivity.onClick(LoginActivity.java:103)
        ...
    JSONObject.put:  Encrypt NIszaqFPos1vd … AWdBsAUq

    java.lang.Throwable
        at org.json.JSONObject.getString(Native Method)
        at com.xxxx.http.JsonRequest.parseNetworkResponse(JsonRequest.java:91)
        at com.android.volley.NetworkDispatcher.run(NetworkDispatcher.java:121)
    JSONObject.getString:  code -1
*/
```

JSONObject 类的 put 方法有很多重载形式，上述代码中只 Hook 了一个重载方法，有需要的可以自行补全。从上述输出结果来看，通过 Hook JSONObject 类的 put 方法，定位到的是数据提交的地方。而 Hook getString 方法定位到的是返回的响应解析的地方。反编译以后对应的代码不再贴出，之前的小节中已经多次出现。

3.3.3　HookCollections 定位排序算法

在 App 应用程序请求数据时，为了确保数据不被篡改，通常会在请求参数上加一个 sign 签名算法。而这个签名算法一般使用消息摘要算法来进行加密，如 MD5、SHA、MAC 算法等。消息摘要算法有以下几个特点。

- 明文不一样，摘要结果肯定不一样（实际存在哈希碰撞）。
- 摘要结果不可逆。
- 摘要结果的长度固定。

一般 App 应用程序在进行数据签名时，会先对数据进行排序。因为摘要结果不可逆，服务端需要根据接收到的数据来复现算法，以此来比对摘要结果。而排序可以保证不会因为参数顺序不同而导致摘要结果不同。

在开发中较为常用的排序有 Collections 的 sort 方法、Arrays 的 sort 方法等，当然也可以自写排序算法。依然以某嘟牛 App 应用程序的登录为例，尝试 Hook Collections 的 sort 方法，打印函数栈，得到如下输出：

```
var collections = Java.use("java.util.Collections");
collections.sort.overload('java.util.List').implementation = function (a) {
    showStacks();
    console.log("Collections.sort List: ",a.toString());
    return this.sort(a);
}
collections.sort.overload('java.util.List', 'java.util.Comparator').implemen-
tation = function (a, b) {
    showStacks();
    console.log("Collections.sort List Comparator: ", a.toString());
    return this.sort(a, b);
}
/*
    java.lang.Throwable
        at java.util.Collections.sort(Native Method)
        at java.util.Collections.sort(Collections.java:159)
        at com.xxxx.http.RequestUtil.paraMap(RequestUtil.java:73)
        at com.xxxx.http.JsonRequest.addRequestMap(JsonRequest.java:112)
        at com.xxxx.ui.LoginActivity.requestNetwork(LoginActivity.java:161)
        at com.xxxx.ui.LoginActivity.login(LoginActivity.java:134)
        at com.xxxx.ui.LoginActivity.onClick(LoginActivity.java:103)
        ...
    Collections.sort List Comparator: [object Object]
*/
```

从上述输出的函数栈中，可以看到确实定位到了关键代码，onClick 函数、login 函数、requestNetwork 函数、addRequestMap 函数及 paraMap 函数都已在之前的小节中介绍过，这里不再赘述。

上述代码中使用 a.toString() 之后，得到的输出是 [object Object]。如果要看到集合中的内容，需要使用 Java.cast 进行向下转型。Collections 的 sort 方法可以接收 List 接口，一般传入的是实现了该接口的 ArrayList 集合。

具体实现代码如下：

```
var collections = Java.use("java.util.Collections");
...
```

```
collections.sort.overload('java.util.List', 'java.util.Comparator').
implementation = function (a, b) {
    showStacks();
    var result = Java.cast(a, Java.use("java.util.ArrayList"));
    console.log("Collections.sort List Comparator: ", result.toString());
    return this.sort(a, b);
}
/*

    ...
    Collections.sort List Comparator: [timeStamp=1634305691100, loginImei=
Androidnull, equtype=ANDROID, userPwd=a12345678, username=13866668888]
* /
```

3.3.4　Hook String 定位字符转换

通常在数据加密之前，会先将字符串转成字节，这时可能会使用到 String 类的
getBytes 方法。依然以某嘟牛 App 应用程序的登录为例，尝试 Hook String 的 getBytes
方法，打印函数栈，得到如下输出：

```
var str = Java.use("java.lang.String");
str.getBytes.overload().implementation = function () {
    showStacks();
    var result = this.getBytes();
    var newStr = str.$new(result);
    console.log("str.getBytes: ", newStr);
    return result;
}
str.getBytes.overload('java.lang.String').implementation = function (a) {
    showStacks();
    var result = this.getBytes(a);
    var newStr = str.$new(result, a);
    console.log("str.getBytes: ", newStr);
    return result;
}
/*
    java.lang.Throwable
        at java.lang.String.getBytes(Native Method)
```

```
        at com.xxxx.util.Utils.md5(Utils.java:166)
        at com.xxxx.http.RequestUtil.paraMap(RequestUtil.java:79)
        at com.xxxx.http.JsonRequest.addRequestMap(JsonRequest.java:112)
        at com.xxxx.ui.LoginActivity.requestNetwork(LoginActivity.java:161)
        at com.xxxx.ui.LoginActivity.login(LoginActivity.java:134)
        at com.xxxx.ui.LoginActivity.onClick(LoginActivity.java:103)
        ...
    str.getBytes:
equtype = ANDROID&loginImei = Androidnull&timeStamp = 1634365552034&userPwd =
a12345678&username =13866668888&key = sdlkjsdljf0j2fsjk


java.lang.Throwable
        at java.lang.String.getBytes(Native Method)
        at android.util.Base64.decode(Base64.java:119)
        at com.xxxx.util.DesSecurity.decrypt64(DesSecurity.java:54)
        at com.xxxx.http.RequestUtil.decodeDesJson(RequestUtil.java:174)
        at com.xxxx.http.JsonRequest.parseNetworkResponse(JsonRequest.java:82)
        ...
    str.getBytes:
2v + DC2gq7RuAC8PE5GZz5wH3/y9ZVcWhFwhDY9L19g9iEd075 + Q7xwewvfIN0g0ec/
NaaF43/S0 =
* /
```

String 的 getBytes 方法存在很多重载形式，建议将这些重载方法全部 Hook，或者可以使用 Objection 来自动化 Hook 该方法的所有重载形式。

3.3.5　Hook StringBuilder 定位字符串操作

Java 中的字符串是只读的，对字符串进行修改、拼接等操作其实都会创建新的字符串来返回。如果有大量修改、拼接字符串的操作，这样的效率是极低的。此时就会使用到字符串容器 StringBuilder，来避免大量频繁地创建字符串。因此，可以尝试 Hook StringBuilder 的 toString 方法来定位 App 应用程序中的关键字符串。

依然以某嘟牛 App 应用程序的登录为例，Hook 这个方法，过滤信息，打印函数栈，得到如下输出：

```
Java.perform(function(){
    var stringBuilder = Java.use("java.lang.StringBuilder");
```

```
    stringBuilder.toString.implementation = function () {
        var result = this.toString.apply(this, arguments);
        if(result == "username =13866668888"){
            showStacks();
            console.log("stringBuilder.toString is called!", result);
        }
        return result;
    }
});
/*
    java.lang.Throwable
        at java.lang.StringBuilder.toString(Native Method)
        at com.xxxx.http.RequestUtil.paraMap(RequestUtil.java:71)
        at com.xxxx.http.JsonRequest.addRequestMap(JsonRequest.java:112)
        at com.xxxx.ui.LoginActivity.requestNetwork(LoginActivity.java:161)
        at com.xxxx.ui.LoginActivity.login(LoginActivity.java:134)
        at com.xxxx.ui.LoginActivity.onClick(LoginActivity.java:103)
        ...
    stringBuilder.toString is called! username =13866668888
*/
```

即使在代码中是直接字符串相加，类似 "xiaojianbang" + "frida"，实际在编译以后，依然使用的是 StringBuilder。与 StringBuilder 同类的函数还有 StringBuffer，在 App 应用程序不崩溃的前提下，可以一起 Hook。

3.3.6　Hook Base64 定位编码

加密以后的数据，通常需要进行 Base64 编码或者 Hex 编码。这时可以尝试 Hook Base64 的 encodeToString 方法来定位关键代码所在位置。这个方法很容易自己实现，在定位时不推荐优先考虑。依然以某嘟牛 App 应用程序的登录为例，Hook Base64 的 encodeToString 方法，打印函数栈，查看输出结果。

具体实现代码如下：

```
var base64 = Java.use("android.util.Base64");
base64.encodeToString.overload('[B', 'int').implementation = function (a, b) {
    showStacks();
    var result = this.encodeToString(a, b);
```

```
    console.log("Base64.encodeToString: ", JSON.stringify(a), result)
    return result;
}
/*
    java.lang.Throwable
        at android.util.Base64.encodeToString(Native Method)
        at com.xxxx.util.DesSecurity.encrypt64(DesSecurity.java:49)
        at com.xxxx.http.RequestUtil.encodeDesMap(RequestUtil.java:129)
        at com.xxxx.http.JsonRequest.addRequestMap(JsonRequest.java:113)
        at com.xxxx.ui.LoginActivity.requestNetwork(LoginActivity.java:161)
        at com.xxxx.ui.LoginActivity.login(LoginActivity.java:134)
        at com.xxxx.ui.LoginActivity.onClick(LoginActivity.java:103)
        ...
    Base64.encodeToString:[52, -117,51,106, -95 … ,57,95, -86, -60,33]
                        NIszaqFPos … YlXDlfqsQh
*/
```

android.util.Base64 的 encodeToString 方法有两个重载形式，上述代码中只 Hook 了一个重载方法，有需要的可以自行补全。其他常用的编码相关类有 java.net.URLEncoder、java.util.Base64 和 okio.Base64、okio.ByteString 等。

3.4 其他类的定位

到此为止，关键代码快速定位的方法读者已经大体掌握，之后只需要不断熟练即可。本节将会对关键代码快速定位中一些不常用的类进行 Hook，包括定位接口的实现类和定位抽象类的实现类。

3.4.1 Hook 定位接口的实现类

在开发中，有些类会实现接口并实现其中的方法。在逆向分析中，单击这些方法跳转到定义处时，可能会跳转到接口中声明的方法上，而不是跳转到该接口的实现类的方法上。通过 Hook 可以很容易地解决这个问题。以本书测试案例 HookDemo.apk 为例，该 App 应用程序中定义了一个接口 TestRegisterClass，具体源码如下：

```
package com.xiaojianbang.app;
public interface TestRegisterClass {
```

```
void test1();
void test1(String a, int b);
String test2(String a, int b);
}
```

在测试案例中，该接口的实现类只有一个 InterfaceDemo，具体源码如下：

```java
package com.xiaojianbang.app;
import android.util.Log;
public class InterfaceDemo implements TestRegisterClass {
    @Override
    public void test1() {
        Log.d("xiaojianbang", "test1() is called");
    }
    @Override
    public void test1(String a, int b) {
        Log.d("xiaojianbang", "test1(String a, int b) is called");
    }
    @Override
    public String test2(String a, int b) {
        return "test2(String a, int b) is called!";
    }
}
```

通过 Hook 定位抽象类的实现类，具体实现代码如下：

```java
Java.perform(function () {
    var classes = Java.enumerateLoadedClassesSync();
    for (const index in classes) {
        var className = classes[index];
        if(className.indexOf("com.xiaojianbang") === -1) continue;
        var clazz = Java.use(className);
        var resultArr = clazz.class.getInterfaces();
        if(resultArr.length === 0) continue;
        for (let i = 0; i < resultArr.length; i ++) {
            if(resultArr[i].toString().indexOf("com.xiaojianbang.app.
TestRegisterClass") !== -1){
                console.log(className, resultArr);
            }
        }
```

```
    }
});
// com.xiaojianbang.app.InterfaceDemo interface com.xiaojianbang.app.TestReg-
isterClass
```

上述代码先枚举所有已加载的类，筛选出路径以 "com.xiaojianbang" 开始的类，使用 Java.use 通过 className 获取 Frida 包装以后的类 clazz，再通过 Java 反射机制提供的方法 getInterfaces 获取该类实现的所有接口。对这些接口进行遍历，如果其中包含名为 "com.xiaojianbang.app.TestAbstract" 的接口，则该 className 就是需要寻找的实现类。

3.4.2 Hook 定位抽象类的实现类

在开发中，有些类会继承抽象类，并且覆写其中的一些方法。在逆向分析中，单击这些方法跳转到定义处时，可能会跳转到抽象类的抽象方法上，通过 Hook 可以很容易地解决这个问题。以本书测试案例 HookDemo.apk 为例，该 App 应用程序中定义了一个抽象类 TestAbstract，具体源码如下：

```
package com.xiaojianbang.app;
public abstract class TestAbstract {
    abstract void test1();
    abstract void test1(String a, int b);
    abstract String test2(String a, int b);
}
```

在测试案例中，该抽象类的实现类只有一个 AbstractDemo，具体源码如下：

```
package com.xiaojianbang.app;
import android.util.Log;
public class AbstractDemo extends TestAbstract {
    @Override
    public void test1() {
        Log.d("xiaojianbang", "test1() is called");
    }
    @Override
    public void test1(String a, int b) {
        Log.d("xiaojianbang", "test1(String a, int b) is called");
    }
    @Override
```

```
public String test2(String a, int b) {
    return "test2(String a, int b) is called!";
}
}
```

通过 Hook 定位抽象类的实现类，具体实现代码如下：

```
Java.perform(function () {
    var classes = Java.enumerateLoadedClassesSync();
    for (const index in classes) {
        var className = classes[index];
        if(className.indexOf("com.xiaojianbang") === -1) continue;
        var clazz = Java.use(className);
        var resultClass = clazz.class.getSuperclass();
        if(resultClass == null) continue;
        if(resultClass.toString().indexOf("com.xiaojianbang.app.TestAbstract") !== -1){
            console.log(className,resultClass);
        }
    }
});
// com.xiaojianbang.app.AbstractDemo class com.xiaojianbang.app.TestAbstract
```

上述代码先枚举所有已加载的类，筛选出路径以 "com.xiaojianbang" 开始的类，使用 Java.use 通过 className 获取 Frida 包装以后的类 clazz，再通过 Java 反射机制提供的方法 getSuperclass 获取其父类 resultClass。如果父类名为 "com.xiaojianbang.app.TestAbstract"，则该 className 就是需要寻找的实现类。

3.5 实战：去除应用程序的强制升级

在某些 App 应用程序的使用过程中，经常会出现强制升级，无法继续使用旧版本的情况。本小节将会通过实战案例讲解某 App 应用程序的去强制升级的方法。

如图 3-1 所示，该 App 应用程序在不进行版本更新的情况下，单击"取消"按钮后会强制退出。想要绕过强制升级有两种方法：一是通过页面跳转，直接进入首页；二是通过 Hook 定位，去除强制升级。第一种方法在 Objection 的使用中会有介绍，现在来讲解第二种方法。

首先，观察到该 App 应用程序进行版本更新前会弹出提示信息。根据提示信息的

● 图3-1　版本更新界面

样式，猜测其使用了 Toast 组件。因此先对 Toast 进行 Hook，可以使用本章中介绍的样例代码。

具体代码如下所示：

```
Java.perform(function () {
    var toast = Java.use("android.widget.Toast");
    toast.show.implementation = function () {
        showStacks();
        console.log("Toast.show");
        return this.show();
    }
});
```

上述代码注入运行后，从打印出来的函数栈信息中，可以发现有一个名为 com.xxxx .util. UpgraderUtil $11 $2.run 的方法。接着借助 Objection 来 Hook 该类下的所有方法。需要注意的是，该 App 应用程序的强制升级发生在应用程序被启动之初，因此要在启动前使用 Objection。

关闭 App 应用程序后，使用 Objection 对应用程序进行 Hook，使用的命令如下：

```
objection -g com.xxxx explore--startup-command "android hooking watch class
'com.xxxx.util.UpgraderUtil'"
```

当 App 应用程序强制升级的弹窗再次出现时, Objection 中也打印出了相关的函数
调用:

```
com.xxxx.util.Upgrader.b(java.lang.String)
com.xxxx.util.Upgrader.a(android.content.Context)
com.xxxx.util.Upgrader.b(java.lang.String, java.lang.String, java.
lang.String)
```

接下来, 反编译该 App 应用程序, 搜索上述函数。发现其中的 a 函数就是用于获
取 App 应用程序自身版本号的, 代码如下:

```
public static int a(Context context) {
    try {
        if (h == null) {
            h = context.getPackageName();
        }
        return context.getPackageManager().getPackageInfo(h, 0).versionCode;
    } catch (PackageManager.NameNotFoundException e2) {
        return -1;
    }
}
```

该函数通过 Context 获得包管理器, 之后从包相关信息中取出当前 App 应用程序
的 versionCode (即版本号)。由该 App 应用程序强制升级弹窗可知, 最新版本号为
6.0.5。因此可以 Hook 该函数, 将返回值修改为最新版本, 即可去除强制升级。

按照上述思路, 编写以下 Hook 代码:

```
var upgraderUtil = Java.use("com.xxxx.util.UpgraderUtil");
upgraderUtil.a.overload('android.content.Context').implementation = function
(context) {
    showStacks();
    var result = this.a(context);
    console.log("versionCode: ", result);
    return 605;
}
```

将 Hook 代码注入后, 再次运行该 App 应用程序, 可以发现没有弹出强制更新弹
窗, 可以正常浏览界面。

此外, 还可以找到强制升级的上级函数, 更改上级函数的调用, 也可以去除强制
升级。尝试直接将函数 com.xxxx.util.Upgrader.b (java.lang.String) 的函数体替换为

空，最终也成功去除强制升级，代码如下：

```
upgraderUtil.b.overload('java.lang.String').implementation = function
(context) {
    return false;
}
```

小　结

关键代码快速定位的方法有很多，基本思路就是通过 Hook 一些不变的函数，并打印函数栈信息。不变的函数指的是系统函数和一些没有经过混淆的路径固定的第三方库函数，如 okhttp3 等。本章介绍的定位思路不止可以应用于 Java 层函数，对于 so 层函数也是适用的，如通过 Hook libc.so、libdl.so、libart.so、linker 等系统函数库来定位。

第4章 算法"自吐"脚本开发

在之前的章节中，已经对 Android 应用进行了实战分析，如之前章节的某嘟牛应用的加密算法是自己实现的，因而编写的 Hook 脚本也只能应用在单个 Android 应用上。是否存在一种 Hook 脚本能够 Hook 市面上大部分 Android 应用的加密算法呢？答案是肯定的。

本章的目的是构建一种通用的 Hook 框架，能够将市面上的大部分 Android 应用的加密算法自动进行 Hook。考察其中的原理，Android 应用使用的加密算法即便有自己的创新部分，大多数底层都是基于现有的密码学算法，如某嘟牛 sign 值内部加密采用的是 MD5 算法。所以只要把现行常用的密码学加密的通用方法进行 Hook，就可以覆盖市面上大部分的 Android 应用了，配合堆栈打印后还能直接定位到加密点，除非该应用所有的加密算法都是自己实现，没有使用任何已有的密码学通用方法。

为了方便读者掌握，本章会讲解 MD5、MAC 和数字签名算法三种加密的"自吐"框架开发，实际的开发过程是大同小异的，读者可以根据书中的开发过程，轻松实现其他加密算法的"自吐"框架开发。

4.1 工具函数封装

在算法框架的开发之前，先要进行工具函数的封装，所谓工具函数的封装，是先编写算法框架中的一些常用函数，如对传入的参数和输出的结果的编码，关键加密函数的定位等。

因为是对 Java 层的方法进行 Hook，所有的代码都需要放在 Java.perform 中。第一个封装的是堆栈打印，即 showStack，该函数需要进行主动调用：

```
Java.perform(function(){
    function showStack(){
        var stack = Java.use("android.util.Log").getStackTraceString(
            Java.use("java.lang.Throwable").$new());
        console.log(stack);
    };
})
```

当主动调用堆栈打印函数之后，可以直截了当地观察到 Android 应用调用的加密函数，这样一来，就不用再一步步进行代码跟踪来推测加密点了。

接着来讲解如何封装 Base64 编码函数。在 Hook 时，通常需要打印传入参数和输出的加密结果，这就需要进行编码显示，因为开发者不可能直接看懂晦涩的 Byte 数组，可以将其转化为 UTF-8、Hex 或者 Base64 形式进行显示。此外，进行算法 Hook 时，还需要进行网络抓包，根据抓包结果搜索想要的关键字。

来实现 Base64 编码。实现一个 Base64 编码有两种方式，第一种是直接使用 JavaScript 进行编写，另一种是对 Java 层现成的函数进行调用。显然后者的工作量较小，可以定义一个 toBase64 的函数，它的参数是一个字节数组，对 Java 的 ByteString 类进行 Hook，调用其中现成的 base64 方法即可将字节数组转化为 Base64 编码。

具体代码如下所示：

```
function toBase64(data){
    var ByteString = Java.use("com.android.okhttp.okio.ByteString");
    console.log("ByteString:",ByteString);
    console.log(ByteString.of(data).base64());
}
```

至于 UTF-8 编码和 Hex 编码，Java 的 ByteString 类中也存在现成的方法，按照 Base64 编码的格式仿写即可，这里可以将常用的 ByteString 变量提出来：

```
Java.perform(function(){
    var ByteString = Java.use("com.android.okhttp.okio.ByteString");
    function toBase64(data) {
        console.log(" Base64: ", ByteString.of(data).base64());
    }
    function toHex(data) {
        console.log(" Hex: ", ByteString.of(data).hex());
    }
    function toUtf8(data) {
        console.log(" Utf8: ", ByteString.of(data).utf8());
    }
    toBase64([48,49,50,51,52]);
    toUtf8([48,49,50,51,52]);
    toHex([48,49,50,51,52]);
})
```

用上述脚本 Hook 测试应用可以发现，对同一个字节数组 $[48, 49, 50, 51, 52]$ 进行编码可以有三种不同的形式：

MDEyMzQ =
01234
3031323334

把字节数组形式的参数和加密结果以 UTF-8、Hex 和 Base64 编码的形式悉数打印出来会极大加速开发者的协议分析过程，降低协议分析的难度。

4.2　Frida Hook MD5 算法

在本节中会讲解如何使用 Frida 框架 Hook MD5 算法，首先会讲解何为 MD5 算法，接着会分别 Hook MD5 算法中关键的 update 方法和 digest 方法。经过这一节的学习之后，再处理 MD5 加密会比较轻松。

目前，HASH 函数主要有 MDx 系列和 SHA 系列，MDx 系列包括 MD5、HAVAL、RIPEMD-128 等。SHA 系列包括 SHA-0、SHA-1、SHA-256 等。在 HASH 算法中，MD5 和 SHA1 是应用最广泛的，两者原理差不多，但 MD5 加密后为 128 位，SHA 加密后为 160 位。

HASH 函数也称为杂凑函数或杂凑算法，它是一种把任意长度的输入消息串变化成固定长度的输出串的函数，这个输出串称为该消息的 HASH 值。也可以说，HASH 函数用于找到一种数据内容和数据存放地址之间的映射关系，由于输入值大于输出值，因此不同的输入一定有相同的输出，但因为空间非常大，很难找出，所以可以把 HASH 函数值看成伪随机数。

如果用 Java 代码编写 MD5 加密算法，通常是使用 java.security.MessageDigest 类，该 MessageDigest 类为应用程序提供消息摘要算法的功能。MessageDigest 对象初始化之后，数据通过它使用 update 方法进行处理，一旦准备更新的所有数据都被更新，则应调用其中一个 digest 方法来完成哈希计算。因此必须 Hook 其中的 update 和 digest 方法。

在测试应用中使用 Java 编写了一个 MD5 加密算法，其具体代码如下所示：

```
package com.xiaojianbang.encrypt;
import java.security.MessageDigest;
import okio.ByteString;
public class MD5 {
    public static String getMD5(String plainText) throws Exception {
        MessageDigest md5 = MessageDigest.getInstance("MD5");
        md5.update((plainText + "saltstr").getBytes());
        return ByteString.of(md5.digest()).hex();
    }
}
```

4.2.1　Hook MD5 算法 update 方法

编写 Hook 脚本的流程和编写 Java 代码的流程基本一致，基本原则是对密码学函数的系统类进行 Hook，接着打印传入的参数、加密的结果和函数调用堆栈。

首先找到 java.security.MessageDigest 类，得到相应对象，因为 update 方法有多个重载，这里使用两步走方案，编写 Hook 脚本进行注入测试：

```
var messageDigest = Java.use("java.security.MessageDigest");
messageDigest.update.implementation = function (data) {}
```

其报错提示信息如下所示：

```
Error: update(): has more than one overload, use.overload(<signature>)
to choose from:
    .overload('byte')
    .overload('java.nio.ByteBuffer')
    .overload('[B')
    .overload('[B', 'int', 'int')
```

由提示可知，update 方法存在 4 个重载方法，这 4 个重载的描述分别如下：

```
void update(byte input)
//使用指定的字节更新摘要
void update(byte[] input)
//使用指定的字节数组更新摘要
void update(byte[] input, int offset, int len)
//使用指定的字节数组从指定的偏移量开始更新摘要
void update(ByteBuffer input)
//使用指定的 ByteBuffer 更新摘要
```

虽然 4 个不都是常用的方法，但我们并不清楚 Android 应用中是否会使用，因此选择对 4 个重载方法都进行 Hook，这也是过去一些好的框架所秉持的原则——"大而全"。代码如下：

```
var messageDigest = Java.use("java.security.MessageDigest");
    messageDigest.update.overload('byte').implementation = function (data) {
        console.log("MessageDigest.update('byte') is called!");
        return this.update(data);
    }
```

```
messageDigest.update.overload('java.nio.ByteBuffer').implementation =
function (data) {
    console.log("MessageDigest.update('java.nio.ByteBuffer') is called!");
    return this.update(data);
}
messageDigest.update.overload('[B').implementation = function (data) {
    console.log("MessageDigest.update('[B') is called!");
    var algorithm = this.getAlgorithm();
    var tag = algorithm + " update data";
    toUtf8(tag, data);
    toHex(tag, data);
    toBase64(tag, data);
    console.log("==============================================");
    return this.update(data);
}
messageDigest.update.overload('[B', 'int', 'int').implementation =
    function (data, start, length) {
    console.log("MessageDigest.update('[B', 'int', 'int') is called!");
    var algorithm = this.getAlgorithm();
    var tag = algorithm + " update data";
    toUtf8(tag, data);
    toHex(tag, data);
    toBase64(tag, data);
    console.log("====================================", start, length);
    return this.update(data, start, length);
}
```

第一步，对每个重载方法的 Hook，先进行 console 打印，提示该方法被调用。由于前两个方法不太常用，因此只进行 console 打印，如果 Android 应用确实使用了该方法，可以通过堆栈打印找到加密点进行查看。后两种方法比较常用，因此对其中的参数进行编码转化，此外，使用 getAlgorithm 方法返回一个标识算法的字符串，可以通过它得到方法名，因为这个方法是一个非静态方法，所以通过 this 进行调用。

第二步，在编码转化中添加 tag 参数，标注调用的方法名，方便日志查看。update 方法用于更新摘要，也不存在返回值的输出，不需要进行结果的编码转化，所以最后直接调用原方法返回即可。

4.2.2　Hook MD5 算法 digest 方法

本小节来讲解 MD5 算法中 digest 方法的 Hook。digest 方法也拥有多个重载，同样使用两步走方案，先直接注入以下 Hook 代码：

```
messageDigest.digest.implementation = function () {}
```

得到 Frida 框架输出的报错提示信息：

```
Error: digest(): has more than one overload, use.overload(<signature>)
to choose from:
    .overload()
    .overload('[B')
    .overload('[B', 'int', 'int')
```

得知 digest 方法存在三个重载，这三个重载都是比较常用的，需要在算法框架中详细完善。第一个重载方法如下所示：

```
byte[]digest()
//通过执行最后的操作(如填充)来完成哈希计算
```

它没有任何参数，通过执行最后的操作来完成哈希计算，但是返回一个字节数组，因而只需要得到它的返回值即可：

```
messageDigest.digest.overload().implementation = function () {
    console.log("MessageDigest.digest() is called!");
    var result = this.digest();
    var algorithm = this.getAlgorithm();
    var tag = algorithm + " digest result";
    toHex(tag, result);
    toBase64(tag, result);
    console.log(" ===============================");
    return result;
}
```

第二个重载方法如下所示：

```
byte[]digest(byte[] input)
//使用指定的字节数组对摘要执行最终更新,然后完成摘要计算
```

它存在一个参数，是一个字节数组，使用指定的字节数组对摘要执行最终更新，

然后完成摘要计算。所以需要将参数进行提前输出，再取出算法名，输出三种不同的编码打印，digest 计算之后得出结果，将结果再次进行编码打印：

```
messageDigest.digest.overload('[B').implementation = function (data) {
        console.log("MessageDigest.digest('[B') is called!");
        var algorithm = this.getAlgorithm();
        var tag = algorithm + " digest data";
        toUtf8(tag, data);
        toHex(tag, data);
        toBase64(tag, data);
        var result = this.digest(data);
        var tags = algorithm + " digest result";
        toHex(tags, result);
        toBase64(tags, result);
        console.log(("==============================="));
        return result;
    }
```

第三个重载方法如下所示：

```
byte[]digest(byte[] buf, int offset, int len)
//通过执行最后的操作(如填充)来完成哈希计算
```

它存在三个参数分别是 buf、offset 和 len，第一个参数也是字节数组，需要进行编码转化：

```
messageDigest.digest.overload('[B', 'int', 'int').implementation =
function (data, start, length) {
    console.log("MessageDigest.digest('[B', 'int', 'int') is called!");
    var algorithm = this.getAlgorithm();
    var tag = algorithm + " digest data";
    toUtf8(tag, data);
    toHex(tag, data);
    toBase64(tag, data);
    var result = this.digest(data, start, length);
    var tags = algorithm + " digest result";
    toHex(tags, result);
    toBase64(tags, result);
    console.log("===========================", start, length);
    return result;
}
```

到此为止，编写的 MD5 算法 Hook 脚本已经能够适用于市面上的大部分 Android 应用，只要其中使用了 Java 内置的 MD5 加密算法，都可以被自动 Hook 输出。

4.3　Frida Hook MAC 算法

在本节中会讲解如何使用 Frida 框架 Hook MAC 算法，首先会讲解何为 MAC 算法，接着会分别 Hook MAC 算法中关键的 update 方法和 doFinal 方法。

MAC 算法即消息认证码算法，作为一种可携带密钥的 hash 函数，通常用来检验所传输消息的完整性。该算法综合了 MD 和 SHA 算法的特性，和 MD、SHA 算法类似，但在此基础上加上了密钥。在 HTTP 中使用最多的 MAC 算法是 HMAC 算法。

在测试应用中编写的 MAC 代码如下所示：

```
package com.xiaojianbang.encrypt;
import javax.crypto.Mac;
import javax.crypto.spec.SecretKeySpec;
import okio.ByteString;
public class MAC {
    public static String getMAC(String plainText) throws Exception {
        SecretKeySpec hmacMD5Key =new SecretKeySpec("a123456789".getBytes(),
1,8, "HmacSHA1");
        Mac hmacMD5  = Mac.getInstance("HmacSHA1");
        hmacMD5.init(hmacMD5Key);
        hmacMD5.update(plainText.getBytes());
        return ByteString.of(hmacMD5.doFinal("saltstr".getBytes())).hex();
    }
}
```

该算法通过 SecreKeySpec 生成密钥，其中的密钥来自于 javax.crypto.spec.SecretKeySpec 类，它可以用于从字节数组构造一个 SecretKey，之后用静态方法 getInstance 返回实现指定 MAC 算法的 Mac 对象，再使用生成的密钥来初始化 Mac 对象，最后通过 update 和 doFinal 方法完成 Mac 操作。要得到密钥，可以选择 Hook SecretKeySpec 对象或者 init 方法，此外，update 方法和 doFinal 方法中的参数也需要获取。

4.3.1　Hook MAC 算法密钥

Hook MAC 算法的密钥有两种途径：Hook SecretKeySpec 对象或者 init 方法，这里选择对 init 方法进行 Hook。先按照两步走方案对重载方法进行 Hook：

```
var mac = Java.use("javax.crypto.Mac");mac.init.implementation = function () {}
```

报错提示信息如下：

```
Error: init(): has more than one overload, use.overload(<signature>) to
choose from:
        .overload('java.security.Key')
        .overload('java.security.Key', 'java.security.spec.AlgorithmParameterSpec')
```

根据报错提示信息，可以得知 init 方法存在两个重载方法，其方法描述如下所示：

```
void init(Key key)
//使用给定的键初始化此 Mac 对象
void init(Key key, AlgorithmParameterSpec params)
//使用给定的键和算法参数初始化此 Mac 对象
```

第一个重载方法只有一个参数，即给定的密钥对象，第二个重载方法除了密钥对象，还有一个额外的算法参数。使用如下代码编写 Java 系统类的 Hook 代码：

```
var mac = Java.use("javax.crypto.Mac");
    mac.init.overload('java.security.Key',
      'java.security.spec.AlgorithmParameterSpec').implementation = function (key,
      AlgorithmParameterSpec) {
        console.log("Mac.init('java.security.Key',
          'java.security.spec.AlgorithmParameterSpec') is called!");
        return this.init(key, AlgorithmParameterSpec);
    }
    mac.init.overload('java.security.Key').implementation = function (key) {
        console.log("Mac.init('java.security.Key') is called!");
        var algorithm = this.getAlgorithm();
        var tag = algorithm + "init Key";
        var keyBytes = key.getEncoded();
        toUtf8(tag, keyBytes);
        toHex(tag, keyBytes);
        toBase64(tag, keyBytes);
        console.log("=====================================");
        return this.init(key);
    }
```

对于有两个参数的重载方法，只需要打印提示信息即可。因为测试应用中的 MAC

加密使用的是只有一个参数的重载方法，我们把重心放在只有一个参数的重载方法上。在拿到了传入的 key 之后，还不能直接进行编码输出，因为这里得到的是一个对象，不过 SecretKeySpec 类下存在一个方法：

```
byte[]getEncoded()
//返回此密钥的密钥材料
```

通过 getEncoded 方法，便能够拿到 key 对象的密钥字节数组了，之后只需要进行三类编码转化，进行打印输出即可。需要注意的是，最后返回的原 init 方法的参数是 key，并非通过 getEncoded 方法得到的 keyBytes。

4.3.2　Hook MAC 算法 update 方法

为了方便起见，MAC 算法的 update 方法可以使用 MD5 加密中的 Hook 函数，只需要对类名和内部细节加以修改：

```
mac.update.overload('byte').implementation = function (data) {
    console.log("Mac.update('byte') is called!");
    return this.update(data);
}
mac.update.overload('java.nio.ByteBuffer').implementation =function (data) {
    console.log("Mac.update('java.nio.ByteBuffer') is called!");
    return this.update(data);
}
mac.update.overload('[B').implementation = function (data) {
    console.log("Mac.update('[B') is called!");
    var algorithm = this.getAlgorithm();
    var tag = algorithm + " update data";
    toUtf8(tag, data);
    toHex(tag, data);
    toBase64(tag, data);
    console.log(" ================================== ");
    return this.update(data);
}
    mac.update.overload('[B', 'int', 'int').implementation = function
(data, start, length) {
    console.log("Mac.update('[B', 'int', 'int') is called!");
    var algorithm = this.getAlgorithm();
```

```
    var tag = algorithm + " update data";
    toUtf8(tag, data);
    toHex(tag, data);
    toBase64(tag, data);
    console.log("================================", start, length);
    return this.update(data, start, length);
}
```

如果在测试应用中使用该脚本 Hook MAC 函数，会发现 update 方法输出了两次。原来 doFinal 方法内部还是会调用 update 方法进行处理，因此接下来 Hook MAC 算法的 doFinal 方法时，就不需要对输入参数进行打印输出了，只需要关注输出结果即可。

4.3.3 Hook MAC 算法 doFinal 方法

Hook MAC 算法的 doFinal 方法的思路和之前的 Hook 方法基本一致。MAC 算法的 doFinal 方法存在以下三个重载方法：

```
byte[]doFinal()                              //完成 MAC 操作
byte[]doFinal(byte[] input)                  //处理给定的字节数组并完成 MAC 操作
void doFinal(byte[] output, int outOffset)///完成 MAC 操作
```

这里实现第一个重载方法，剩下的两个读者可以对照练习：

```
mac.doFinal.overload().implementation = function () {
    console.log("Mac.doFinal() is called!");
    var result = this.doFinal();
    var algorithm = this.getAlgorithm();
    var tag = algorithm + "doFinal result";
    toHex(tag, result);
    toBase64(tag, result);
    console.log("===================================");
    return result;
}
```

因为带有参数的 doFinal 重载方法最后也会调用第一个重载方法，所以只需要实现第一个重载方法的 Hook 即可，否则会发现结果被重复打印多次。

4.4　Frida Hook 数字签名算法

在本节中会讲解如何使用 Frida 框架 Hook 数字签名算法，包括 Hook 其中的 update 方法和 sign 方法。

数字签名在 ISO7498-2 标准中定义为："附加在数据单元上的一些数据，或是对数据单元所做的密码变换，这种数据和变换允许数据单元的接收者用以确认数据单元来源和数据单元的完整性，并保护数据，防止被人（例如，接收者）进行伪造"。美国电子签名标准对数字签名作了如下解释："利用一套规则和一个参数对数据计算所得的结果，用此结果能够确认签名者的身份和数据的完整性"。

数字签名的实现一般是由发送者通过一个单向函数对要传送的消息进行加密产生其他人无法伪造的一段加密串，用来认证消息的来源并检测消息是否被修改。接收者用发送者的公钥对所收到的用发送者私钥加密的消息进行解密后，就可以确定消息的来源及完整性。

数字签名的核心内容是保证签名或者传输的信息没有被人非法篡改过，从这种意义上来说，数字签名算法只需要提供一种机制来验证信息的完整性和原始性，而不需要提供解密机制，也就是说数字签名算法可以是非可逆的。

数字签名的第一步是产生一个需签名的数据的哈希值，第二步是把这个哈希值用私钥加密。

在测试应用中编写的数字签名代码如下所示：

```
package com.xiaojianbang.encrypt;
import android.util.Log;
import java.security.PrivateKey;
import java.security.PublicKey;
import java.security.Signature;
import java.util.Arrays;
import okio.ByteString;
public class Signature_ {
    public static String getSignature(String data) throws Exception {
        PrivateKey privateKey = RSA_Base64.generatePrivateKey();
        Log.d("xiaojianbang", "Signature privateKey: " +
Arrays.toString(privateKey.getEncoded()));
```

```
    Signature sha256withRSA = Signature.getInstance("SHA256withRSA");
    sha256withRSA.initSign(privateKey);
    sha256withRSA.update(data.getBytes());
    return ByteString.of(sha256withRSA.sign()).base64();
}

public static boolean verifySignature(String data,String sign)throws Exception{
    PublicKey publicKey = RSA_Base64.generatePublicKey();
    Log.d("xiaojianbang", "Signature publicKey: " +
Arrays.toString(publicKey.getEncoded()));
    Signature sha256withRSA = Signature.getInstance("SHA256withRSA");
    sha256withRSA.initVerify(publicKey);
    sha256withRSA.update(data.getBytes());
    return sha256withRSA.verify(ByteString.decodeBase64(sign).toByteAr-
ray());
    }}
```

数字签名算法的 Hook 代码与先前讲过的内容基本一致，因此这里只对 Signature 对象的中的 update 方法和 sign 方法进行 Hook，注意其中的私钥无法通过 getEncoded 方法得到明文，如果遇到此类算法，可以通过反编译 Android 应用得到该值。至于验证 verifySignature 方法是不需要考虑的，因为根据数字签名算法的思想，通常是客户端签名，服务端进行验证。

4.4.1　Hook 数字签名算法 update 方法

本小节中会讲解如何 Hook 数字签名算法的 update 方法。数字签名算法的 update 方法存在以下 4 个重载方法：

```
void update(byte b)
//更新要由一个字节签名或验证的数据
void update(byte[] data)
//使用指定的字节数组更新要签名或验证的数据
void update(byte[] data, int off, int len)
//使用指定的字节数组从指定的偏移量更新要签名或验证的数据
void update(ByteBuffer data)
//使用指定的 ByteBuffer 更新要签名或验证的数据
```

编写的 Hook 代码和之前讲过的 Hook 代码基本一致，要注意的是先定位到 java

. security. Signature 类：

```
var signature = Java.use("java.security.Signature");
  signature.update.overload('byte').implementation = function (data) {
      console.log("Signature.update('byte') is called!");
      return this.update(data);
  }
  signature.update.overload('java.nio.ByteBuffer').implementation =
function (data) {
      console.log("Signature.update('java.nio.ByteBuffer') is called!");
      return this.update(data);
  }
  signature.update.overload('[B', 'int', 'int').implementation = func-
tion (data, start, length) {
      console.log("Signature.update('[B', 'int', 'int') is called!");
      var algorithm = this.getAlgorithm();
      var tag = algorithm + " update data";
      toUtf8(tag, data);
      toHex(tag, data);
      toBase64(tag, data);
      console.log(" ===============================", start, length);
      return this.update(data, start, length);
  }
```

如果在测试应用中运行该 Hook 代码，会发现 update 方法输出了 4 次，其实前两次是客户端的 update 方法，后两次是验证的 update 方法，又因为只含有一个参数的重载方法底层调用了有三个参数的重载方法，因此查看输出结果时，只需要查看拥有三个参数的重载方法的输出即可。

4.4.2　Hook 数字签名算法 sign 方法

本小节中会讲解如何 Hook 数字签名算法的 sign 方法。数字签名算法的 sign 方法存在以下两个重载：

```
byte[]sign()
//返回所有更新的数据的签名字节
intsign(byte[] outbuf, int offset, int len)
//完成签名操作并将生成的签名字节存储在提供的缓冲器 outbuf 中,从 offset 开始
```

sign 方法的 Hook 代码也可以套用之前的代码，这里主要对无参数 sign 方法进行 Hook，测试应用中使用的也是该方法：

```
signature.sign.overload('[B', 'int', 'int').implementation = function () {
    console.log("Signature.sign('[B', 'int', 'int') is called!");
    return this.sign.apply(this, arguments);
}
signature.sign.overload().implementation = function () {
    console.log("Signature.sign() is called!");
    var result = this.sign();
    var algorithm = this.getAlgorithm();
    var tag = algorithm + " sign result";
    toHex(tag, result);
    toBase64(tag, result);
    console.log("=================================");
    return result;
}
```

到此为止，算法框架开发的基本流程讲解完毕，对于它的完善只需要不断重复上述过程即可。除了本节所讲的 MD5、MAC 和数字签名算法以外，还存在 SHA、DES、AES 等多种加密，可以继续对算法框架进行拓展。

为了方便读者参考，在这里展示算法框架的部分代码，完整代码请扫描二维码查看：

```
Java.perform(function () {
    function showStacks() {
        console. log (
            Java. use (" android. util. Log")
                . getStackTraceString (
                    Java. use (" java. lang. Throwable"). $new()
                )
        );
    }
    var ByteString = Java. use (" com. android. okhttp. okio. ByteString");
    function toBase64 (tag, data) {
        console. log (tag + " Base64:", ByteString. of (data). base64());
    }
    function toHex (tag, data) {
        console. log (tag + " Hex:", ByteString. of (data). hex());
    }
```

```
function toUtf8(tag, data) {
    console.log(tag + " Utf8: ", ByteString.of(data).utf8());
}
// toBase64([48,49,50,51,52]);
// toHex([48,49,50,51,52]);
// toUtf8([48,49,50,51,52]);
//console.log(Java.enumerateLoadedClassesSync().join("\n"));


var messageDigest = Java.use("java.security.MessageDigest");
messageDigest.update.overload('byte').implementation = function (data) {
    console.log("MessageDigest.update('byte')is called!");
    return this.update(data);
}
messageDigest.update.overload('java.nio.ByteBuffer').implementa-
tion = function (data) {
    console.log("MessageDigest.update('java.nio.ByteBuffer') is called!");
    return this.update(data);
}
messageDigest.update.overload('[B').implementation = function (data) {
    console.log("MessageDigest.update('[B') is called!");
    var algorithm = this.getAlgorithm();
    var tag = algorithm + " update data";
    toUtf8(tag, data);
    toHex(tag, data);
    toBase64(tag, data);
    console.log(" =============================== ");
    return this.update(data);
}
messageDigest.update.overload('[B', 'int', 'int').implementation = func-
tion (data, start,length) {
    console.log("MessageDigest.update('[B', 'int', 'int') is called!");
    var algorithm = this.getAlgorithm();
    var tag = algorithm + " update data";
    toUtf8(tag, data);
    toHex(tag, data);
    toBase64(tag, data);
    console.log("===============================", start, length);
```

```
        return this.update(data, start, length);
    }
    messageDigest.digest.overload().implementation = function () {
        console.log("MessageDigest.digest() is called!");
        var result = this.digest();
        var algorithm = this.getAlgorithm();
        var tag = algorithm + " digest result";
        toHex(tag, result);
        toBase64(tag, result);
        console.log(" ========================");
        returnresult;
    }
    messageDigest.digest.overload('[B').implementation = function (data) {
        console.log("MessageDigest.digest('[B') is called!");
        var algorithm = this.getAlgorithm();
        var tag = algorithm + " digest data";
        toUtf8(tag, data);
        toHex(tag, data);
        toBase64(tag, data);
        var result = this.digest(data);
        var tags = algorithm + " digest result";
        toHex(tags, result);
        toBase64(tags, result);
        console.log(" ===========================");
        return result;
    }
    messageDigest.digest.overload('[B', 'int', 'int').implementation =
function (data, start,length) {
        console.log("MessageDigest.digest('[B', 'int', 'int') is called!");
        var algorithm = this.getAlgorithm();
        var tag = algorithm + " digest data";
        toUtf8(tag, data);
        toHex(tag, data);
        toBase64(tag, data);
        var result = this.digest(data, start, length);
        var tags = algorithm + " digest result";
        toHex(tags, result);
        toBase64(tags, result);
```

```
        console.log("=============================", start, length);
        return result;
    }
});
```

4.5　Objection 辅助 Hook

Objection 是一个基于 Frida 框架的第三方工具包，它实际上做了对 Frida 框架的进一步封装，通过输入一系列的命令即可完成 Hook。输入命令时还可以弹出对应的提示信息，大大降低 Frida Hook 框架的使用门槛。不过 Objection 无法对 so 层代码进行 Hook，目前介绍的方法都是对 Java 层进行 Hook。

4.5.1　Objection 的安装和基本使用

安装 Objection 之前，需要确认已经安装了 frida 和 frida-tools。为了有更好的兼容性，Objection 的版本最好选择当前 frida 版本之后更新的版本，本书采取的各版本号如下：

```
pip install frida ==12.11.7
pip install frida-tools ==8.1.3
pip installobjection =1.11.0
```

使用 Python 的包管理器 pip 进行成功安装后，可以在命令行输入 objection --help 查看帮助信息。通常使用以下命令附加 Android 应用，不过要在 Android 端先开启 fride-server：

```
objection -g [packageName] explore
```

如果 Objection 没有找到进程，会以 spawn 方式启动进程。可以尝试附加测试应用 com. xiaojianbang. app，如果 Objection 正常运行，会进入调试界面之中。

下面介绍几个常见的命令。

- frida：显示 Frida 版本信息。
- env：显示 Android 应用相关环境信息。
- help xxx：查看帮助信息。

在 Objection 中，有一些必须熟练掌握的命令，这些命令大多数都在之前章节中使用 Frida 框架编写过，不熟悉的读者可以多次复习。

1. 查找相关方法

- 列出所有已加载的类：android hooking list classes。
- 列出类的所有方法：android hooking list class_methods <路径.类名>。
- 在所有已加载的类中搜索包含特定关键字的类：android hooking search classes <pattern>。

2. Hook 相关方法

- Hook 类的所有方法（不含构造方法）：android hooking watch class <路径.类名>。
- Hook 类的构造方法：android hooking watch class_method <路径.类名.$init>。
- Hook 方法的所有重载：android hooking watch class_method <路径.类名.方法名>。
- Hook 方法的参数、返回值和调用栈：android hooking watch class_method <路径.类名.方法名> --dump-args --dump-return --dump-backtrace。
- Hook 单个重载函数，需要指定参数类型，多个参数用逗号分开：android hooking watch class_method <路径.类名.方法名> "<参数类型>"。
- 查看 Hook 了多少个类：jobs list。
- 取消 Hook：jobs kill <taskId>。

Objection 简单而强大，更高层的封装让开发者只需要专注于命令的熟练使用。

接下来，讲解在 Objection 中如何搜索实例，以及如何通过实例去调用静态和实例方法。

搜索堆中的实例需要使用下面的命令：

```
android heap search instances <类名>
```

通过这个命令先去搜索需要的对象，如先去搜索测试应用中的 com. xiaojianbang. hook. Wallet 类，一开始是没有返回值的，当单击应用中的 "TEST" 按钮之后，再次运行命令，才会创建 Wallet 对象。

如果运行正常，会看到 HashCode、Class 和 toString 三个值，分别是类名的哈希值、类名和类名转化字符串后的显示内容。可以通过这里的 HashCode 去调用静态和实例方法，用到的命令如下：

```
android heap execute <HashCode> <方法名> --return-string
```

如果调用带参数的方法，需要调用如下命令，进入编辑器环境：

```
android heap evaluate <HashCode>
```

进入编辑器环境之后，可以编写 JavaScript 代码，其中变量 clazz 用来指代当前类。

再来看看 Objection 的非标准端口和 spawn。如果当前启动的 frida-server 是标准端口，则直接使用 Objection 即可完成附加。但如果启动的 frida-server 是非标准端口，如使用如下命令启动：

```
./frida-server -l 0.0.0.0:8888
```

这时再使用 Objection 附近进程就发现无法进行连接了。

再来介绍三个新的命令行参数。

- -N：指定 network。
- -h：指定 host，默认 127.0.0.1。
- -p：指定 port，默认 27042。

借助以上命令行参数，可以完成指定 IP 和端口的连接，即命令：

```
objection -N -h <IP> -p <Port> -g <进程名> explore
```

之前介绍的 Hook，是启动 Android 应用之后才去 Hook。如果想要在 Android 应用启动前就进行 Hook 也是可以做到的，命令如下：

```
objection -g <进程名> explore --startup-command "android hooking watch
class '<路径.类名>'"
```

4.5.2 实战：某电竞界面跳转

本小节主要讲解如何使用 Objection Hook 应用的 activity，也就是界面的相关操作。

本次操作的 Android 应用界面如图 4-1 所示，在单击"登录"按钮之后会显示一键登录异常，应用界面内也没有其他可以登录的方式。这时可以通过 Objection 来完成界面的跳转。

该 Android 应用的包名为 com.xxxx，可以直接在命令行中输入 Objection 命令附加该进程。

然后需要使用查看当前 Android 应用的 activity 的命令来获取当前异常界面的 activity，该命令的使用方法如下：

```
android hooking list activities
```

可以发现在打印输出的 activity 中，有两个名字较为显眼，推测前者是登录异常的界面，后者是正常登录的界面：

```
com.xxxx.user.func.login.LoginFakeActivity
com.xxxx.user.func.login.LoginMainActivity
```

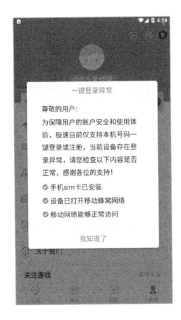

●图 4-1　异常登录

接着使用跳转到对应 activity 的命令：

```
android intent launch_activity com.xxxx.score.user.func.login.LoginMainActivity
```

发现成功跳转到图 4-2 的正常登录界面。

●图 4-2　正常登录界面

小　　结

利用 Frida 框架可以构建出许多强大而高效的工具，本章介绍的"自吐"算法框架本质上只是对一些系统加密函数进行了 Hook，Objection 也只是对 Frida 框架进行了更高层的封装，但是却极大提升了逆向工程的效率。由此可见，使用 Frida 框架封装构建更顺手的工具是一件值得花费时间去实践的事情。

第5章 Frida框架so层基本应用

Frida 可以 Hook Java 层代码，也可以 Hook so 层代码。这也是 Frida 最优秀的地方，极大地降低了 so 层代码 Hook 的门槛，因为除了 Frida，其他能 Hook so 层代码的框架几乎都是使用 C/C++ 编写代码。本章主要介绍 Frida 在 so 层的 API，依然以小案例实战的方式来讲解。本章的内容并不会太难，因为 Hook Frida 的 Java 层代码和 so 层代码的环境配置是一样的，JavaScript 代码的注入方式也是一样的。

5.1 获取 Module

Module 是 Frida 中比较常用的类，提供了很多与模块相关的操作，如枚举导出表、枚举导入表、枚举符号表、获取导出函数地址、获取模块基址等。接下来将介绍 Frida 框架中获取模块的几种方式。

5.1.1 通过模块名来获取 Module

通过模块名来获取 Module 的代码较为简单，可以直接来看一段通过模块名获取 Module 的常用代码：

```
var module = Process.findModuleByName("libxiaojianbang.so");
console.log(JSON.stringify(module));
//Process.getModuleByName("libxiaojianbang.so");
//{"name":"libxiaojianbang.so","base":"0x7ad1ce6000","size":28672,"
path":"/data/app/com.xiaojianbang.app-r_cD2g_EAJo-3V4FJEttXQ==/lib/
arm64/libxiaojianbang.so"}
```

再来查看以上方法在源码中的声明：

```
function findModuleByName(name: string): Module |null;
function getModuleByName(name: string): Module;
```

可以看出，方法 findModuleByName 传入一个参数 name，类型为 string，返回 Mod-

ule 对象。可以通过 JSON.stringify 方法来打印 Module 对象中的一些属性，其中 name
属性为模块名，base 属性为模块加载到内存以后的首地址，size 属性为模块的大小，
path 属性为模块所在路径。本章将在后续小节中介绍 Module 中的一些常用的方法。

findModuleByName 和 getModuleByName 的区别是，前者如果找不到模块会返回
null，后者如果找不到模块会抛出错误。因此，更推荐使用前者，与 null 作比较来判
断是否获取到 Module 即可：

```
var module = Process.findModuleByName("libxiaojianbang.so");
if(module != null){
    //do someting ...
}
```

Frida 中有很多类似的 API，如果找不到 find 开头的函数会返回 null，如果找不到
get 开头的函数会抛出错误。在后续介绍中不再赘述。

5.1.2 通过地址来获取 Module

除了通过模块名来获取 Module，还可以通过地址来获取 Module。首先，来看看通
过地址获取 Module 的代码段：

```
Process.findModuleByAddress(address);
Process.getModuleByAddress(address);
```

再来查看它在源码中的声明：

```
function findModuleByAddress(address: NativePointerValue): Module |null;
function getModuleByAddress(address: NativePointerValue): Module;
```

可以看出，通过地址获取 Module 的方法，传入 NativePointerValue 类型的内存地址，
返回 Module。传入的内存地址只需是模块内的任一地址即可。也就是说，当得到了一个
函数地址，可以通过这两个方法来快速知道该函数是在哪一个 so 文件中定义的。

本书的后续章节中介绍快速定位 JNI 函数注册在哪个 so 文件中时，这些方法会很
常用。其中 NativePointerValue 就是 NativePointer，在 Frida 中用来表示指针。

最后，再来看看 NativePointerValue 在源码中的定义：

```
interface ObjectWrapper {
    handle: NativePointer;
}
type NativePointerValue = NativePointer |ObjectWrapper;
```

这印证了上边的介绍，NativePointerValue 就是 NativePointer，接口 ObjectWrapper 的句柄也是 NativePointer。

除此之外，还有一个方法 enumerateModules，可以直接获取当前进程中所有的模块。直接查看该方法在源码中的声明：

```
function enumerateModules(): Module[];
```

可以看出，该方法以数组的形式返回当前进程中所有的模块。当不知道某个系统函数来自于哪个 so 文件时，就可以使用这种方式来枚举所有的模块，再通过枚举模块的导入表、导出表、符号表，即可知晓该系统函数来自于哪个 so 文件，以及对应的函数地址。

5.1.3　Process 中的常用属性和方法

在之前的小节中，介绍了 Process 中用于获取模块的方法。Process 在 Frida 中较为常用，这一小节将对 Process 中的常用属性和方法做出整体介绍。

查看源码中的声明：

```
declare namespace Process {
    const id: number;
    const arch: Architecture;
    const platform: Platform;
    const pageSize: number;
    const pointerSize: number;
    ...
    function getCurrentThreadId(): ThreadId;
    function findModuleByAddress(address: NativePointerValue): Module |null;
    function getModuleByAddress(address: NativePointerValue): Module;
    function findModuleByName(name: string): Module |null;
    function getModuleByName(name: string): Module;
    function enumerateModules(): Module[];
    function findRangeByAddress(address: NativePointerValue): RangeDetails |null;
    function getRangeByAddress(address: NativePointerValue): RangeDetails;
    function setExceptionHandler(callback: ExceptionHandlerCallback): void;
}
```

该类中常用的属性和方法的功能如下所示。

- Process.id：返回当前进程的 pid。
- Process.arch：返回当前进程的架构。

- Process. platform：返回当前进程的平台。
- Process. pageSize：返回虚拟内存页的大小。
- Process. pointerSize：返回指针的大小，32 位的 App 应用程序中为 4 字节，64 位的 App 应用程序中为 8 字节。
- Process. getCurrentThreadId( )：返回当前线程 id。
- Process. findRangeByAddress（address）：通过地址来寻找内存范围，可以用来查看某段内存区域的基址、大小、权限等，如果找不到则返回 null。该函数可以用来简易判断传入的值是否为内存地址，本书后续章节中会用到。
- Process. getRangeByAddress（address）：同上，区别是如果找不到则抛出错误。
- Process. setExceptionHandler（callback）：设置异常回调，后续章节中单独介绍。

以下对这些 API 做出简单测试，使用 frida -U com. xiaojianbang. app -l soHook. js 注入 JavaScript 代码。Frida 相关命令行选项在之前的章节中已经介绍过，这里不再赘述。本章后续内容，如无特殊说明，均以此方式注入 JavaScript 代码。代码如下：

```
console.log("pid: ", Process.id);
console.log("arch: ", Process.arch);
console.log("platform: ", Process.platform);
console.log("pageSize: ", Process.pageSize);
console.log("pointerSize: ", Process.pointerSize);
console.log("CurrentThreadId: ", Process. getCurrentThreadId());
var soAddr = Process.findModuleByName("libxiaojianbang.so").base;
console.log("soAddr: ", soAddr);
var range = Process.findRangeByAddress(Process.findModuleByName("libxi-
aojianbang.so").base);
console.log("Range: ", JSON.stringify(range));
/*
    pid: 13170
    arch: arm64
    platform: linux
    pageSize: 4096
    pointerSize: 8
    CurrentThreadId: 13231
    soAddr: 0x743a8e2000
    Range:
{"base":"0x743a8e2000","size":20480,"protection":"r-x","file":{"
path":"/data/app/com. xiaojianbang. app-Qj8kZpS2qmejJj88S35LnQ = =/lib/
arm64/libxiaojianbang.so","offset":0,"size":0}}
* /
```

5.2　枚举符号

本节中将会讲解 Frida 框架在 so 层代码中如何枚举符号，包括枚举模块的导入表、枚举模块的导出表和枚举模块的符号表，最后再给出 Module 中常用属性和方法。

5.2.1　枚举模块的导入表

在 so 文件的开发中，不可避免地会使用很多系统函数，而这些函数会出现在该 so 文件的导入表中。假如需要 Hook 这些函数，那么先要得到这些函数的地址。

实际操作中，可以先得到对应的 Module，再通过 Module 中的 enumerateImports 方法来枚举该 Module 中的导入表，进而得到对应的导入函数地址。

查看源码中的声明：

```
enumerateImports(): ModuleImportDetails[];
```

该方法返回 ModuleImportDetails 的数组，ModuleImportDetails 中有一些比较常用的属性，使用 JSON. stringify 来打印 ModuleImportDetails 对象：

```
var imports = Process.getModuleByName("libxiaojianbang.so").enumerateImports();
console.log(JSON.stringify(imports[0]));
//{"type":"function","name":"__cxa_atexit","module":"/apex/com.android.runtime/lib/bionic/libc.so","address":"0xedf050b9"}
```

ModuleImportDetails 对象中的 name 属性，就是导入函数名，module 属性表示该导入函数来自哪个 so 文件，address 属性表示该导入函数当前的内存地址。

综上所述，如果要得到 libxiaojianbang. so 中的导入函数 sprintf 的内存地址，可以枚举 so 文件的导入表，遍历导入表中的函数，当函数名是 sprintf 时，记录函数地址即可。

具体代码如下所示：

```
var improts = Process.findModuleByName("libxiaojianbang.so").enumerateImports();
var sprintf_addr = null;
for(let i = 0; i < improts.length; i ++){
    let _import = improts[i];
```

```
    if(_import.name.indexOf("sprintf") != -1){
        sprintf_addr = _import.address;
        break;
    }
}
console.log("sprintf_addr: ", sprintf_addr);
//sprintf_addr:  0x7bc0debaa0
```

5.2.2 枚举模块的导出表

在 so 文件的开发中，一般会有一些导出函数，如 JNI 静态注册的函数、需要导出给其他 so 文件使用的函数，以及 JNI_OnLoad 函数等。这些函数会出现在该 so 文件的导出表中，如图 5-1 所示。

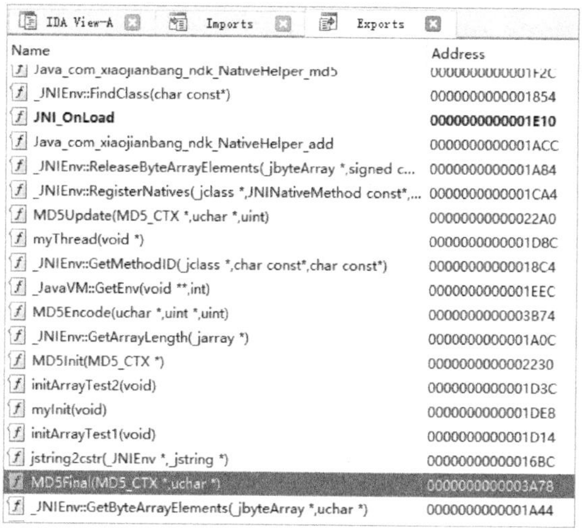

● 图 5-1　IDA 导出表界面

同样地，如果要 Hook 这些函数，也要先得到这些函数的地址。在得到对应的 Module 后，通过 Module 中的 enumerateExports 方法来枚举该 Module 中的导出表，进而得到对应的导出函数地址。

查看源码中的声明：

```
enumerateExports():ModuleExportDetails[];
```

该方法返回 ModuleExportDetails 的数组，ModuleExportDetails 中有一些比较常用的属性，使用 JSON.stringify 来打印 ModuleExportDetails 对象。

```
var exports = Process.getModuleByName("libxiaojianbang.so").enumerateExports();
console.log(JSON.stringify(exports[0]));
//{"type":"function","name":"JNI_OnLoad","address":"0xc68995f1"}
```

ModuleExportDetails 对象就不再需要 module 属性了，导出函数必然来自当前的 so 文件。其他属性与 ModuleImportDetails 一致。

综上所述，如果要得到 libxiaojianbang.so 中的导出函数_Z8MD5FinalP7MD5_CTX-Ph 的内存地址，代码如下：

```
var exports = Process.findModuleByName("libxiaojianbang.so").enumerateExports();
var MD5Final_addr = null;
for(let i = 0; i < exports.length; i ++){
    let _export = exports[i];
    if(_export.name.indexOf("_Z8MD5FinalP7MD5_CTXPh") != -1){
        MD5Final_addr = _export.address;
        break;
    }
}
console.log("MD5Final_addr: ", MD5Final_addr);
//MD5Final_addr:  0x7ad0beb988
```

注意，导出函数的名字以 IDA 汇编界面中显示的名字为准，如图 5-2 所示。因为 C++中，函数名存在符号修饰。

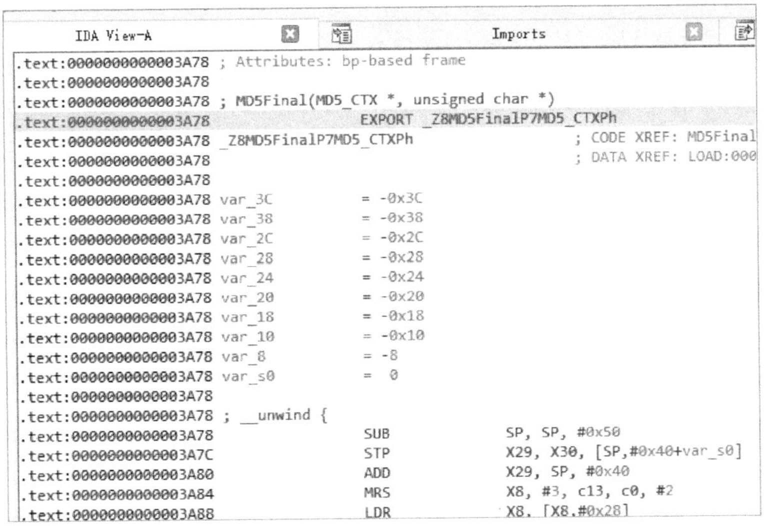

● 图 5-2　IDA 汇编界面

5.2.3 枚举模块的符号表

在得到对应的 Module 后，可以通过 Module 中的 enumerateSymbols 方法来枚举该 Module 中的符号表，进而得到出现在符号表中的函数地址。

查看源码中的声明：

```
enumerateSymbols(): ModuleSymbolDetails[];
```

该方法返回 ModuleSymbolDetails 的数组，ModuleSymbolDetails 中的属性与之前介绍的 ModuleExportDetails 相差无几，不再赘述。

综上所述，如果要得到 libart.so 中 RegisterNatives 的内存地址，代码如下：

```
var symbols = Process.getModuleByName("libart.so").enumerateSymbols();
var RegisterNatives_addr = null;
for (let i = 0; i < symbols.length; i ++) {
    var symbol = symbols[i];
    if(symbol.name.indexOf("CheckJNI") == -1 &&
symbol.name.indexOf("RegisterNatives") != -1) {
        RegisterNatives_addr = symbol.address;
    }
}
console.log("RegisterNatives_addr: ", RegisterNatives_addr);
//RegisterNatives_addr:  0x7b3ebe9158
```

在 libart.so 的符号表中，函数名包含 RegisterNatives 的函数有两个，其中一个带有 CheckJNI。此处获取的是不带有 CheckJNI 并且函数名包含 RegisterNatives 的函数地址。

在实际应用中，一般对于系统 so 文件，使用 enumerateSymbols 枚举符号表。对于 App 应用程序本身的 so 文件，通常符号表会被删除，使用 enumerateExports 枚举导出表即可。

如果不知道某个系统函数来自于哪个 so 文件，可以使用 Process.enumerateModules()枚举所有 Module，再通过 Module 中的 enumerateSymbols 枚举模块中的符号表，与符号表中的函数名一一比对，具体实现代码如下：

```
function findFuncInWitchSo(funcName) {
    var modules = Process.enumerateModules();
    for (let i = 0; i < modules.length; i ++) {
```

```
        let module = modules[i];
        let _symbols = module.enumerateSymbols();
        for (let j = 0; j < _symbols.length; j ++) {
            let _symbol = _symbols[i];
            if (_symbol.name == funcName){
                return module.name + " " + JSON.stringify(_symbol);
            }
        }
        let _exports = module.enumerateExports();
        for (let j = 0; j < _exports.length; j ++) {
            let _export = _exports[j];
            if (_export.name == funcName){
                return module.name + " " + JSON.stringify(_export);
            }
        }
    }
    return null;
}
console.log(findFuncInWitchSo('strcat'));
//libc.so {"type":"function","name":"strcat","address":"0x7bc0e0322c"}
```

5.2.4　Module 中的常用属性和方法

Module 中的常用属性和方法，在后续章节中将会被大量使用。为了巩固提升，这一小节将对 Module 中的常用属性和方法做出整体介绍。

查看 Module 在源码中的声明：

```
declare class Module {
    name: string;                  //模块名
    base: NativePointer;           //模块基址
    size: number;                  //模块大小
    path: string;                  //模块所在路径
    enumerateImports(): ModuleImportDetails[];          //枚举导入表
    enumerateExports(): ModuleExportDetails[];          //枚举导出表
    enumerateSymbols(): ModuleSymbolDetails[];          //枚举符号表
    findExportByName(exportName: string): NativePointer |null; //获取导出函数地址
```

```
getExportByName(exportName: string): NativePointer;//获取导出函数地址
static load(name: string): Module;                      //加载指定模块
static findBaseAddress(name: string): NativePointer |null;//寻找模块基址
static getBaseAddress(name: string): NativePointer;       //获取模块基址
//通过模块名寻找导出函数地址
static findExportByName(moduleName: string | null, exportName: string):
NativePointer |null;
//通过模块名获取导出函数地址
static getExportByName (moduleName: string | null, exportName:
string): NativePointer;
}
```

5.3 Frida Hook so 函数

本小节中将会讲解如何使用 Frida 框架 Hook so 函数，这也是 so 层基本应用中最重要的内容，包括 Hook 导出函数、从给定地址获取内存数据、Hook 任意函数、获取指针参数返回值和获取函数执行结果，通过这一节的学习，读者才算掌握了 so 层的基本应用。

5.3.1 Hook 导出函数

想要对 so 函数进行 Hook，必须先得到函数的内存地址。获取导出函数的地址，除了之前介绍的枚举导出函数的方法以外，还可以使用 Frida 提供的 API 来获取。

Module 的 findExportByName 和 getExportByName 都可以用来获取导出函数的内存地址，并且都有静态方法和实例方法两种。

静态方法可以直接使用类名.方法名的方式来访问，传入两个参数，第一个参数是 string 类型的模块名，第二个参数是 string 类型的导出函数名（以汇编界面显示的名字为准），返回 NativePointer 类型的函数地址。

实例方法可以先获取到 Module 对象，再通过对象.方法名的方式来访问，传入 string 类型的导出函数名即可，返回 NativePointer 类型的函数地址。

得到 NativePointer 类型的函数地址后，就可以使用 Interceptor 的 attach 函数来进行 Hook，可以使用 Interceptor 的 detachAll 函数来解除 Hook。

查看源码中的声明：

```
declare namespace Interceptor {
    function attach(target: NativePointerValue, callbacksOrProbe: Invocation-
```

```
ListenerCallbacks | InstructionProbeCallback, data?: NativePointerValue):
InvocationListener;
    function detachAll(): void;
...
}
```

Interceptor.detachAll()不需要传任何参数，Interceptor.attach 需要传入函数地址和被 Hook 函数触发时执行的回调函数。此处以一个案例来说明该函数的用法。

先来查看本书的测试 App 应用程序 HookDemo.apk 的 Java 层相关代码。

MainActivity.java 代码如下：

```
...
public class MainActivity extends AppCompatActivity implements View.
OnClickListener {
    ...
    public static void logOutPut(String message) {
        Log.d("xiaojianbang", message);
    }
    @ Override
    public void onClick(View v) {
        try {
            switch (v.getId()) {
                case R.id.CADD:
                    logOutPut("CADD addResult: " + NativeHelper.add(5,6,7));
                    ...
                }
        } catch (Exception e) {
            e.printStackTrace();
        }
    }
}
```

当 CADD 按钮被单击时，会执行 NativeHelper.add（5，6，7），再通过 logOutPut 函数输出结果。

NativeHelper.java 代码如下：

```
package com.xiaojianbang.ndk;
public class NativeHelper {
```

```
    static {
        System.loadLibrary("xiaojianbang");
    }
    public native static int add(int a, int b, int c);
    public native static String encode();
    public native static String md5(String str);
}
```

可以看出 add 函数为 native 函数，对应的函数实现在 libxiaojianbang.so 中。将测试 App 应用程序，用 zip 压缩软件打开，在 lib 目录下又有 4 个目录：arm64-v8a、armeabi-v7a、x86、x86_64。这 4 个目录下都有 libxiaojianbang.so，这些 so 文件功能一样，但使用的汇编代码不一样。arm64-v8a 目录下是 arm64 的 so 文件，armeabi-v7a 目录下是 arm32 的 so 文件。在不同的平台下，系统会自动选择对应文件夹下的 so 文件来使用，具体规则如下。

- Android 系统是 32 位，那么系统会选择使用 App 应用程序下的 32 位 so 文件。
- Android 系统是 64 位，并且 App 应用程序里面有 64 位的 so 文件，那么系统会选择使用 64 位的 so 文件。
- Android 系统是 64 位，并且 App 应用程序里面只有 32 位的 so 文件，那么系统会选择使用 32 位的 so 文件。

本书的测试机为谷歌 pixel 1 代，是 arm64 的架构，而测试 App 应用程序中，又有 64 位的 so 文件。因此，系统会加载 64 位的 so 文件，将 HookDemo.apk\lib\arm64-v8a\libxiaojianbang.so 拖入 IDA64 中，最终显示的 Exports 表如图 5-3 所示。

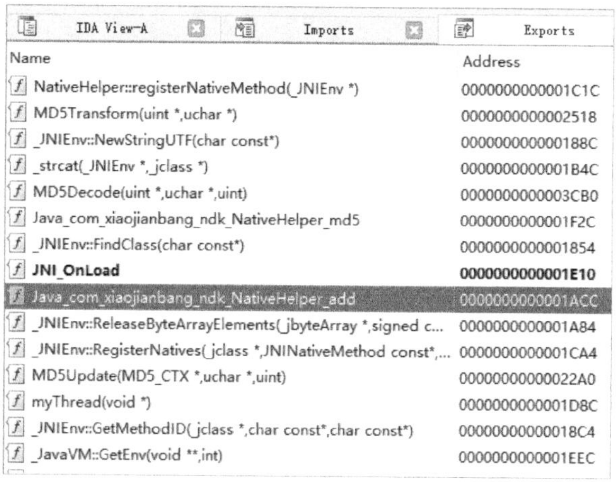

Name	Address
NativeHelper::registerNativeMethod(_JNIEnv *)	000000000001C1C
MD5Transform(uint *,uchar *)	0000000000002518
_JNIEnv::NewStringUTF(char const*)	000000000000188C
_strcat(_JNIEnv *,_jclass *)	0000000000001B4C
MD5Decode(uint *,uchar *,uint)	0000000000003CB0
Java_com_xiaojianbang_ndk_NativeHelper_md5	0000000000001F2C
_JNIEnv::FindClass(char const*)	0000000000001854
JNI_OnLoad	0000000000001E10
Java_com_xiaojianbang_ndk_NativeHelper_add	0000000000001ACC
_JNIEnv::ReleaseByteArrayElements(_jbyteArray *,signed c...	0000000000001A84
_JNIEnv::RegisterNatives(_jclass *,JNINativeMethod const*,...	0000000000001CA4
MD5Update(MD5_CTX *,uchar *,uint)	00000000000022A0
myThread(void *)	0000000000001D8C
_JNIEnv::GetMethodID(_jclass *,char const*,char const*)	00000000000018C4
_JavaVM::GetEnv(void **,int)	0000000000001EEC

● 图 5-3　导出表中的 add 函数

以 libxiaojianbang.so 中的导出函数 Java_com_xiaojianbang_ndk_NativeHelper_add 为例，实现 Hook 的代码如下：

```
var funcAddr = Module.findExportByName("libxiaojianbang.so", "Java_com_
xiaojianbang_ndk_NativeHelper_add");
Interceptor.attach(funcAddr, {
    onEnter: function (args) {
        console.log(args[0]);
        console.log(args[1]);
        console.log(args[2]);
        console.log(this.context.x3.toInt32());
        console.log(args[4].toUInt32());
    }, onLeave: function (retval) {
        console.log(retval.toInt32());
        console.log(this.context.x0);
        console.log("取 x0 寄存器的最后三个 bit 位", this.context.x0 & 0x7);
    }
});
//add 函数触发以后的输出为
/*
    0x7bc3bd66c0
    0x7fda079fb4
    0x5
    6
    7
    18
    0x12
    取 x0 寄存器的最后三个 bit 位 2
*/
```

Interceptor 通过 inlineHook 的方式拦截代码执行，会修改被 Hook 处的 16 个字节（本书将在后续章节中探讨此内容）。当 add 函数执行时，会先执行 onEnter 函数中的代码，接着执行原函数，最后执行 onLeave 函数中的代码。

onEnter 函数接收一个参数 args（变量名可随意定义），类型为 InvocationArguments，查看在源码中的声明：

```
type InvocationArguments = NativePointer[];
```

原来就是 NativePointer 类型的数组，因此可以通过数组下标的方式访问原函数的各个参数。注意，这里不能通过 length 方法获取参数个数（熟悉 ARM 汇编以后就明白了，本书在此不作展开）。如果不确定原函数的参数个数，一般多输出几个，也不会出错。

Java 层声明的 native 方法到了 so 层会额外增加两个参数。第 0 个参数是 JNIEnv * 类型的可以调用里面的很多方法来完成 C/C + + 与 Java 的交互。第 1 个参数是 jclass/jobject，如果 native 方法是静态方法，这个参数就是 jclass，代表 native 方法所在的类。如果 native 方法是实例方法，这个参数就是 jobject，代表 native 方法所在的类实例化出来的对象。因此，上述输出的 args[0] 是 JNIEnv *，args[1] 是 jclass，后续三个参数，分别对应 Java 层native方法声明中的三个参数。

add 函数的 args[0] 和 args[1] 都是内存地址，可以通过 console. log（hexdump（args[0]））来打印内存。后续三个参数都是数值，默认输出十六进制形式，可以通过 args[4]. toInt32()或者 args[4]. toUInt32()来输出对应的十进制的有符号数和无符号数。

还可以通过打印寄存器的值来获取参数，arm64 中使用 x0 ~ x7 这 8 个寄存器来传递参数，如果函数参数多于 8 个，则需从栈中去获取（实际上传参还得考虑浮点寄存器、w 开头的 32 位寄存器。另外 arm32 中是使用 r0 ~ r3 寄存器来传递参数的，超出的参数入栈。关于 ARM 汇编的知识，本书不作展开）。因此，通过打印 this. context. x3，即可获取到 add 函数参数中的 6。

onLeave 函数接收一个参数 retval（变量名可随意定义），类型为 InvocationReturnValue，查看在源码中的声明：

```
declare class InvocationReturnValue extends NativePointer {
    replace(value: NativePointerValue): void;
}
```

可以看出 InvocationReturnValue 继承了 NativePointer，并增加了一个 replace 方法。该方法用于替换返回值。关于参数和返回值的修改，在本章的后续小节中再做演示。

add 函数的返回值是数值，默认输出十六进制形式，同样可以通过 retval. toInt32()或者 retval. toUInt32()来输出对应的十进制的有符号数和无符号数。也可以通过寄存器来获取返回值。arm64 中使用 x0 或 w0 寄存器存放返回值。arm32 中使用 r0 存放返回值，r0 中如果放不下，会占用r1。因此，本案例中也可以使用 this. context. x0 来得到返回值。context 中没有提供 w0，w 开头的 32 位寄存器其实就是 x 开头的 64 位寄存器的低 32 位部分。如果需要取出 x 寄存器中的某几位，可以通过寄存器中的值与指定数值位与来得到（关于位与的知识本书不作展开）。

so 文件可以在 Android 应用启动时就加载，也可以在后续需要使用时再加载。比如本书的测试 App 应用程序 HookDemo.apk，当按下按钮时，NativeHelper 类就会被加载，然后去执行该类下的静态代码块中的代码，此时 libxiaojianbang.so 才加载。Hook 需要在 so 文件加载之后才能进行，很多新手会忽视这个问题，导致 Hook 失败。如何监控 so 文件的加载将在本书的后续章节中详细介绍。

5.3.2 从给定地址查看内存数据

本小节讲解的是 hexdump 函数。dump 即内存导出，指的是把内存某一时刻的内容导出成文件形式。hexdump 函数用于从给定的地址开始，导出一段内存，以字符串形式返回。该函数还可以指定一些选项，以此来调整 dump 内存数据的长度及显示形式。

先来查看它在源码中的声明：

```
declare function hexdump (target: ArrayBuffer | NativePointerValue, op-
tions?: HexdumpOptions): string;
interface HexdumpOptions {
    offset?: number;         //从给定的 target 偏移一定字节数开始导出,默认为 0
    length?: number;         //指定导出的字节数,注意需要十进制的数值,默认 16*16
    header?: boolean;        //返回的 string 中是否包含标题,默认为 true
    ansi?: boolean;          //返回的 string 是否带颜色,默认为 false
}
```

hexdump 函数的 4 个参数如上所示，可以看出它的参数存在默认值，所以都是可以省略的。因此 console.log（hexdump（addr））就是最方便的使用方式，直接传入地址数据即可，导出来的字节数是默认的 16 * 16，通常来说是足够使用的。如果默认参数不合适，可以再传入参数进行微调。

该函数的测试代码及对应输出如下：

```
var soAddr =Module.findBaseAddress("libxiaojianbang.so");
var data =hexdump(soAddr, {length: 16, header: false});
console.log(data);
//  74c6c39000  7f 45 4c 46 02 01 01 00 00 00 00 00 00 00 00 00  .ELF...

var soAddr =Module.findBaseAddress("libxiaojianbang.so");
var data =hexdump(soAddr, {offset: 4, length: 16, header: false});
console.log(data);
//  74c6c39004  02 01 01 00 00 00 00 00 00 00 00 00 00          ...
```

5.3.3 Hook 任意函数

在 so 文件中，只需得到函数的内存地址，即可完成任意函数的 Hook。而函数地址可以通过 Frida 的 API 来获取，也可以自己计算。能够通过 Frida 的 API 来获取的函数地址必须是出现在导入表、导出表、符号表中的函数，也就是必须是有符号的函数。自己计算函数地址是更加通用的方式，可以适用于任意函数。

函数地址的计算公式也很简单：so 文件基址 + 函数地址相对 so 文件基址的偏移 [+1]。

1. so 文件基址的获取方式

由上述公式可知，自己计算函数地址需要先得到 so 文件基址，也就是模块基址。可以通过 Module 的 findBaseAddress 和 getBaseAddress 方法来获取。查看在源码中的声明：

```
declare class Module {
    ...
    static findBaseAddress(name: string): NativePointer | null;
    static getBaseAddress(name: string): NativePointer;
}
```

传入 string 类型的模块名，返回 NativePointer 类型的函数地址。测试代码如下：

```
var soAddr = Module.findBaseAddress("libxiaojianbang.so");
console.log(soAddr);
//Module.getBaseAddress("libxiaojianbang.so")
//soAddr:  0x7b2e6c0000
```

也可以通过之前介绍的 Process 的各种获取 Module 的方法来得到 Module，再通过 Module 的 base 属性来获取 so 文件的基址。

2. 函数地址相对 so 文件基址的偏移

函数在 so 文件中的偏移地址可以在 IDA 的汇编界面上查看。如图 5-4 所示，0x1ACC 即 Java_com_xiaojianbang_ndk_NativeHelper_add 相对 libxiaojianbang.so 基址的偏移。需要注意的是，这里要找的偏移地址是函数定义部分的首地址。不要使用在 plt 表 的 地 址，不 然 在 Hook 时 可 能 会 收 到 类 似 " unable to intercept function at 0x7ad16f13a0; please file a bug" 的错误提示，表示在这个地址无法拦截函数。有些新手可能还会把函数调用部分的偏移地址拿过来使用，这都是不对的。

IDA 中没有符号的函数的命名方式：以 sub_ 开头，后面加上函数定义部分的首地址相对 so 文件的偏移地址，如 sub_20F4，如图 5-5 所示。注意，IDA 中显示的偏移地址是十六进制的。

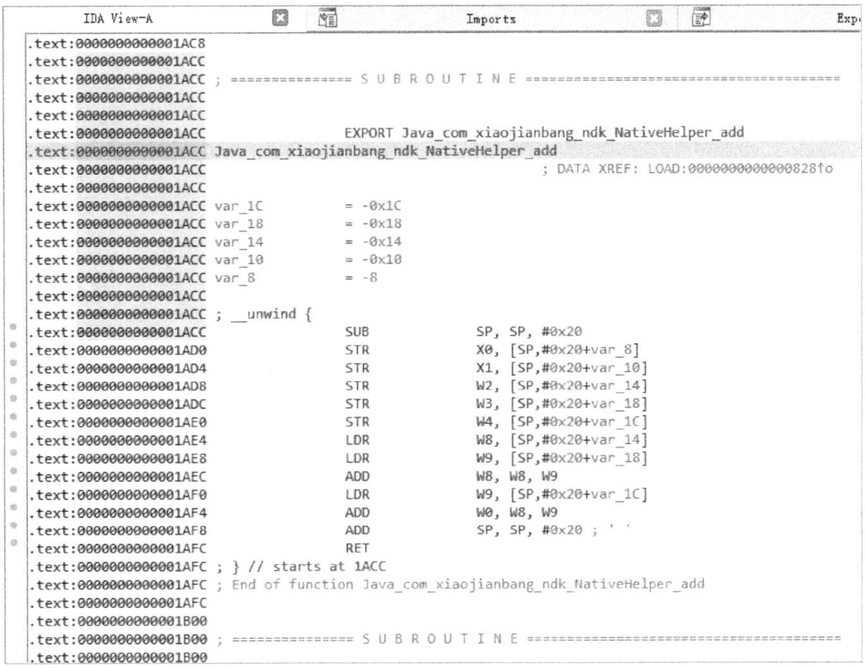

```
IDA View-A        Imports        Exp
.text:0000000000001AC8
.text:0000000000001ACC
.text:0000000000001ACC ; =============== S U B R O U T I N E =======================================
.text:0000000000001ACC
.text:0000000000001ACC
.text:0000000000001ACC                 EXPORT Java_com_xiaojianbang_ndk_NativeHelper_add
.text:0000000000001ACC Java_com_xiaojianbang_ndk_NativeHelper_add
.text:0000000000001ACC                                         ; DATA XREF: LOAD:0000000000000828↑o
.text:0000000000001ACC
.text:0000000000001ACC var_1C          = -0x1C
.text:0000000000001ACC var_18          = -0x18
.text:0000000000001ACC var_14          = -0x14
.text:0000000000001ACC var_10          = -0x10
.text:0000000000001ACC var_8           = -8
.text:0000000000001ACC
.text:0000000000001ACC ; __unwind {
.text:0000000000001ACC                 SUB             SP, SP, #0x20
.text:0000000000001AD0                 STR             X0, [SP,#0x20+var_8]
.text:0000000000001AD4                 STR             X1, [SP,#0x20+var_10]
.text:0000000000001AD8                 STR             W2, [SP,#0x20+var_14]
.text:0000000000001ADC                 STR             W3, [SP,#0x20+var_18]
.text:0000000000001AE0                 STR             W4, [SP,#0x20+var_1C]
.text:0000000000001AE4                 LDR             W8, [SP,#0x20+var_14]
.text:0000000000001AE8                 LDR             W9, [SP,#0x20+var_18]
.text:0000000000001AEC                 ADD             W8, W8, W9
.text:0000000000001AF0                 LDR             W9, [SP,#0x20+var_1C]
.text:0000000000001AF4                 ADD             W0, W8, W9
.text:0000000000001AF8                 ADD             SP, SP, #0x20 ; ' '
.text:0000000000001AFC                 RET
.text:0000000000001AFC ; } // starts at 1ACC
.text:0000000000001AFC ; End of function Java_com_xiaojianbang_ndk_NativeHelper_add
.text:0000000000001AFC
.text:0000000000001B00
.text:0000000000001B00 ; =============== S U B R O U T I N E =======================================
.text:0000000000001B00
```

● 图 5-4 函数偏移

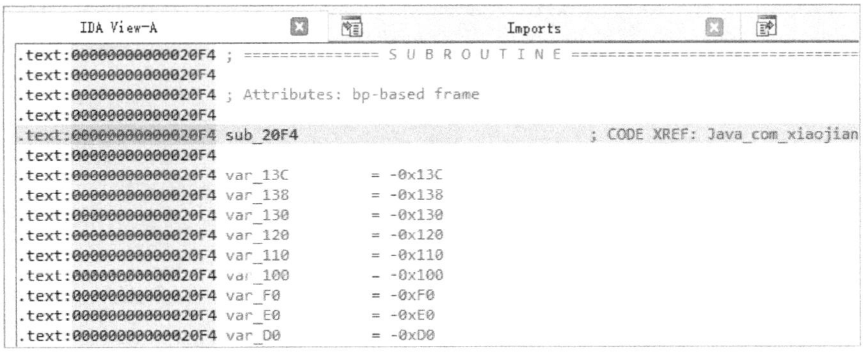

```
IDA View-A        Imports
.text:00000000000020F4 ; =============== S U B R O U T I N E ================================
.text:00000000000020F4
.text:00000000000020F4 ; Attributes: bp-based frame
.text:00000000000020F4
.text:00000000000020F4 sub_20F4                                ; CODE XREF: Java_com_xiaojian
.text:00000000000020F4
.text:00000000000020F4 var_13C         = -0x13C
.text:00000000000020F4 var_138         = -0x138
.text:00000000000020F4 var_130         = -0x130
.text:00000000000020F4 var_120         = -0x120
.text:00000000000020F4 var_110         = -0x110
.text:00000000000020F4 var_100         = -0x100
.text:00000000000020F4 var_F0          = -0xF0
.text:00000000000020F4 var_E0          = -0xE0
.text:00000000000020F4 var_D0          = -0xD0
```

● 图 5-5 IDA 中的未知函数命名方式

3. 函数地址的计算

上述函数地址计算公式还剩最后一部分。如果是 thumb 指令，函数地址计算方式为 so 文件基址 + 函数地址相对 so 文件基址的偏移 + 1。如果是 arm 指令，函数地址计算方式为 so 文件基址 + 函数地址相对 so 文件基址的偏移。

thumb 指令和 arm 指令可以通过汇编指令对应的 opcode 字节数来区分，前者两个字节，后者 4 个字节。在 IDA 中要显示汇编指令对应的 opcode，需要做一些设置。单击菜单 options→general，在弹出的对话框中的"Number of opcode bytes（non-graph）"一栏，填入"4"，单击"OK"按钮即可。如图 5-6 所示。

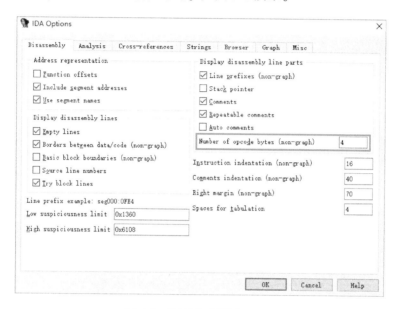

● 图 5-6　在 IDA 中显示 opcode

以 libxiaojianbang. so 中的导出函数 Java_com_xiaojianbang_ndk_NativeHelper_add 为例。在 32 位的 so 文件中显示的 opcode 如图 5-7 所示。在 64 位的 so 文件中，显示的 opcode 如图 5-8 所示。可以看出 32 位 so 文件中的 add 函数，计算出来的函数地址需要 +1，而 64 位 so 文件中的 add 函数则不需要。

```
.text:00001406                    EXPORT Java_com_xiaojianbang_ndk_NativeHelper_add
.text:00001406                    Java_com_xiaojianbang_ndk_NativeHelper_add
.text:00001406
.text:00001406                                                 ; DATA XREF: LOAD:00000440↑o
.text:00001406
.text:00001406         var_10          = -0x10
.text:00001406         var_C           = -0xC
.text:00001406         var_8           = -8
.text:00001406         var_4           = -4
.text:00001406         arg_0           = 0
.text:00001406
.text:00001406         ; __unwind {
.text:00001406 84 B0                   SUB         SP, SP, #0x10
.text:00001408 DD F8 10 C0             LDR.W       R12, [SP,#0x10+arg_0]
.text:0000140C 03 90                   STR         R0, [SP,#0x10+var_4]
.text:0000140E 02 91                   STR         R1, [SP,#0x10+var_8]
.text:00001410 01 92                   STR         R2, [SP,#0x10+var_C]
.text:00001412 00 93                   STR         R3, [SP,#0x10+var_10]
.text:00001414 01 98                   LDR         R0, [SP,#0x10+var_C]
.text:00001416 00 99                   LDR         R1, [SP,#0x10+var_10]
.text:00001418 08 44                   ADD         R0, R1
.text:0000141A 04 99                   LDR         R1, [SP,#0x10+arg_0]
.text:0000141C 08 44                   ADD         R0, R1
.text:0000141E 04 B0                   ADD         SP, SP, #0x10
.text:00001420 70 47                   BX          LR
.text:00001420                    ; End of function Java_com_xiaojianbang_ndk_NativeHelper_add
.text:00001420
```

● 图 5-7　32 位 so 文件中的 add 函数

```
.text:0000000000001ACC
.text:0000000000001ACC                              EXPORT Java_com_xiaojianbang_ndk_NativeHelper_add
.text:0000000000001ACC               Java_com_xiaojianbang_ndk_NativeHelper_add
.text:0000000000001ACC                                                   ; DATA XREF: LOAD:000000000
.text:0000000000001ACC
.text:0000000000001ACC               var_1C          = -0x1C
.text:0000000000001ACC               var_18          = -0x18
.text:0000000000001ACC               var_14          = -0x14
.text:0000000000001ACC               var_10          = -0x10
.text:0000000000001ACC               var_8           = -8
.text:0000000000001ACC
.text:0000000000001ACC               ; __unwind {
.text:0000000000001ACC FF 83 00 D1           SUB           SP, SP, #0x20
.text:0000000000001AD0 E0 0F 00 F9           STR           X0, [SP,#0x20+var_8]
.text:0000000000001AD4 E1 0B 00 F9           STR           X1, [SP,#0x20+var_10]
.text:0000000000001AD8 E2 0F 00 B9           STR           W2, [SP,#0x20+var_14]
.text:0000000000001ADC E3 0B 00 B9           STR           W3, [SP,#0x20+var_18]
.text:0000000000001AE0 E4 07 00 B9           STR           W4, [SP,#0x20+var_1C]
.text:0000000000001AE4 E8 0F 40 B9           LDR           W8, [SP,#0x20+var_14]
.text:0000000000001AE8 E9 0B 40 B9           LDR           W9, [SP,#0x20+var_18]
.text:0000000000001AEC 08 01 09 0B           ADD           W8, W8, W9
.text:0000000000001AF0 E9 07 40 B9           LDR           W9, [SP,#0x20+var_1C]
.text:0000000000001AF4 00 01 09 0B           ADD           W0, W8, W9
.text:0000000000001AF8 FF 83 00 91           ADD           SP, SP, #0x20 ; ' '
.text:0000000000001AFC C0 03 5F D6           RET
.text:0000000000001AFC               ; } // starts at 1ACC
.text:0000000000001AFC               ; End of function Java_com_xiaojianbang_ndk_NativeHelper_add
.text:0000000000001AFC
.text:0000000000001AFC
```

● 图 5-8　64 位 so 文件中的 add 函数

一般情况下，Android 应用程序中 32 位 so 文件里面的函数基本都是 thumb 指令，64 位 so 文件里面的函数基本都是 arm 指令。若是搞不清楚也没关系，在 Hook 时，加 1 和不加 1 都测试一下即可。

本书的测试 App 应用程序 HookDemo.apk 及测试机 pixel 1 代均为 64 位。因此以 64 位 so 文件中的函数为准，计算 Java_com_xiaojianbang_ndk_NativeHelper_add 函数地址的代码如下：

```
var soAddr = Module.findBaseAddress("libxiaojianbang.so");
var funcAddr = soAddr.add(0x1ACC);
```

代码中的 add 是 NativePointer 类中的方法，用来做 NativePointer 类型的运算，并构造一个新的 NativePointer 返回。查看在源码中的声明：

```
declare class NativePointer {
    constructor(v: string | number | UInt64 | Int64 | NativePointerValue);
    add(v: NativePointerValue | UInt64 | Int64 | number | string): NativePointer;
    ...
}
```

constructor 是 NativePointer 的构造函数，可以使用 new NativePointer（…）的方式把数值、字符串等类型转为 NativePointer 类型。也可以使用 new NativePointer 的简写

ptr，代码如下：

```
var soAddr =0x77ab999000;
console.log( ptr(soAddr).add(0x1A0C) );  // ptr <=> new NativePointer
```

当得到任意函数的内存地址后，继续使用 Interceptor.attach 即可完成任意函数的 Hook。相关注意事项与 Hook 导出函数一致，这里不再赘述。依然以 libxiaojianbang.so 中的导出函数 Java_com_xiaojianbang_ndk_NativeHelper_add 为例，使用自己计算地址的方式实现 Hook，代码如下：

```
var soAddr =Module.findBaseAddress("libxiaojianbang.so");
var sub_1ACC =soAddr.add(0x1ACC);
Interceptor.attach(sub_1ACC, {
    onEnter: function (args) {
        console.log("sub_1ACC onEnter args[0]: ", args[0]);
        console.log("sub_1ACC onEnter args[1]: ", args[1]);
        console.log("sub_1ACC onEnter args[2]: ", args[2]);
        console.log("sub_1ACC onEnter args[3]: ", args[3]);
        console.log("sub_1ACC onEnter args[4]: ", args[4]);
    }, onLeave: function (retval) {
        console.log("sub_1ACC onLeave retval: ", retval);
    }
});
//sub_1ACC onEnter args[0]:  0x7bc3bd66c0
//sub_1ACC onEnter args[1]:  0x7fda079fb4
//sub_1ACC onEnter args[2]:  0x5
//sub_1ACC onEnter args[3]:  0x6
//sub_1ACC onEnter args[4]:  0x7
//sub_1ACC onLeave retval:  0x12
```

5.3.4　获取指针参数返回值

在 C/C++中，通常将函数参数当返回值使用，返回值定义成 void，参数定义成指针，然后在函数执行过程中，改变传入的实参。也就是说，函数执行前传入的实参在函数调用后会被改变，修改成了函数执行的结果。对于这一类参数，需要在进入 onEnter 函数时，保存参数的内存地址。在进入 onLeave 函数时，再去读取参数对应内存地址中的内容。

　　本小节以 libxiaojianbang.so 中的 MD5Final 函数为例。该函数在 so 文件中的偏移地址是 0x3A78，第 0 个参数是 MD5_CTX *，第 1 个参数是用于存放加密结果的 16 个字节的 char 数组。该函数在 Java_com_xiaojianbang_ndk_NativeHelper_md5 函数中被调用，IDA F5 后的伪 C 代码如图 5-9 所示。实现 Hook 的代码如下：

```
var soAddr =Module.findBaseAddress("libxiaojianbang.so");
var MD5Final =soAddr.add(0x3A78);
Interceptor.attach(MD5Final, {
    onEnter: function (args) {
        this.args1 =args[1];
    }, onLeave: function (retval) {
        console.log(hexdump(this.args1));
    }
});
/*
    7ffc689cc8   41 be f1 ce 7f dc 3e 42 c0 e5 d9 40 ad 74 ac 00   A···>B···@ ···
    //logcat 中的输出结果
    //CMD5 md5Result:41bef1ce7fdc3e42c0e5d940ad74ac00
* /
```

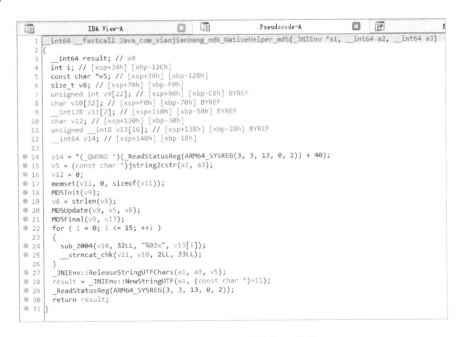

● 图 5-9　IDA F5 后的伪 C 代码

在逆向分析中，也可以不去区分这一类参数，直接在 onEnter 和 onLeave 函数中都打印一遍参数对应的内存数据即可。

5.3.5　Frida inlineHook 获取函数执行结果

Frida 不仅可以对函数进行 Hook，还可以精确到某一条指令。以 Hook libxiaojianbang .so 中偏移地址 0x1AF4 的指令为例，该指令处于 Java_com_xiaojianbang_ndk_NativeHelper_add 函数中。函数的汇编代码如图 5-10 所示。实现 Hook 的代码如下：

```
var hookAddr =Module.findBaseAddress("libxiaojianbang.so").add(0x1AF4);
Interceptor.attach(hookAddr, {
    onEnter: function (args) {
        console.log("onEnter x8: ", this.context.x8.toInt32());
        console.log("onEnter x9: ", this.context.x9.toInt32());
    }, onLeave: function (retval) {
        console.log("onLeave x0: ", this.context.x0.toInt32());
    }
});
/*
    onEnter x8:  11
    onEnter x9:  7
    onLeave x0:  18
* /
```

```
.text:0000000000001ACC
.text:0000000000001ACC                              EXPORT Java_com_xiaojianbang_ndk_NativeHelper_add
.text:0000000000001ACC                         Java_com_xiaojianbang_ndk_NativeHelper_add
.text:0000000000001ACC                                              ; DATA XREF: LOAD:000000000
.text:0000000000001ACC
.text:0000000000001ACC               var_1C      = -0x1C
.text:0000000000001ACC               var_18      = -0x18
.text:0000000000001ACC               var_14      = -0x14
.text:0000000000001ACC               var_10      = -0x10
.text:0000000000001ACC               var_8       = -8
.text:0000000000001ACC
.text:0000000000001ACC               ; __unwind {
.text:0000000000001ACC FF 83 00 D1          SUB         SP, SP, #0x20
.text:0000000000001AD0 E0 0F 00 F9          STR         X0, [SP,#0x20+var_8]
.text:0000000000001AD4 E1 0B 00 F9          STR         X1, [SP,#0x20+var_10]
.text:0000000000001AD8 E2 0F 00 B9          STR         W2, [SP,#0x20+var_14]
.text:0000000000001ADC E3 0B 00 B9          STR         W3, [SP,#0x20+var_18]
.text:0000000000001AE0 E4 07 00 B9          STR         W4, [SP,#0x20+var_1C]
.text:0000000000001AE4 E8 0F 40 B9          LDR         W8, [SP,#0x20+var_14]
.text:0000000000001AE8 E9 0B 40 B9          LDR         W9, [SP,#0x20+var_18]
.text:0000000000001AEC 08 01 09 0B          ADD         W8, W8, W9
.text:0000000000001AF0 E9 07 40 B9          LDR         W9, [SP,#0x20+var_1C]
.text:0000000000001AF4 00 01 09 0B          ADD         W0, W8, W9
.text:0000000000001AF8 FF 83 00 91          ADD         SP, SP, #0x20 ; ' '
.text:0000000000001AFC C0 03 5F D6          RET
.text:0000000000001AFC               ; } // starts at 1ACC
.text:0000000000001AFC
.text:0000000000001AFC               ; End of function Java_com_xiaojianbang_ndk_NativeHelper_add
```

● 图 5-10　64 位 so 文件中的 add 函数

当进行 inlinehook 时，onEnter 在这条指令执行之前执行，onLeave 在这条指令执行之后执行。但是在代码层面，可以看出 inlineHook 与之前 Hook 函数的方式没有区别。使用 inlinehook 时，推荐直接访问寄存器，不推荐使用 args 和 retval，尤其是对汇编不熟悉的读者。

再看一个案例，以 Hook libxiaojianbang.so 中偏移地址 0x1FF4 处的指令为例，该指令处于 Java_com_xiaojianbang_ndk_NativeHelper_md5 函数中。函数的汇编代码如图 5-11 所示。实现 Hook 的代码如下：

```
var hookAddr = Module.findBaseAddress("libxiaojianbang.so").add(0x1FF4);
Interceptor.attach(hookAddr, {
    onEnter: function (args) {
        console.log("onEnter: ", this.context.x1);
        console.log("onEnter: ", hexdump(this.context.x1));
    }, onLeave: function (retval) {
    }
});
/*
    onEnter:  0x7d9016ae80
    7d9016ae80  78 69 61 6f 6a 69 61 6e 62 61 6e 67 00 00 c0 41  xiaojianbang...A
*/
```

当执行到 0x1FF4 偏移处时，寄存器 x1 的值就是要传给 MD5Update 的第 1 个参数。看上去效果与 Hook 函数相同，但实现是不同的。inlinehook 在获取函数执行的中间结果时非常有用。

```
::0000000000001FDC          B          loc_1FE0
::0000000000001FE0 ; --------------------------------------------------------
::0000000000001FE0
::0000000000001FE0 loc_1FE0                   ; CODE XREF: Java_com_xiaojianbang_ndk_NativeHelpe
::0000000000001FE0                            ; Java_com_xiaojianbang_ndk_NativeHelper_md5+B0↑j
::0000000000001FE0          LDR        W2, [SP,#0x160+var_F0]
::0000000000001FE4          ADD        X8, SP, #0x160+var_C8
::0000000000001FE8          MOV        X0, X8
::0000000000001FEC          LDR        X1, [SP,#0x160+var_140]
::0000000000001FF0          STR        X8, [SP,#0x160+var_148]
::0000000000001FF4          BL         ._Z9MD5UpdateP7MD5_CTXPhj ; MD5Update(MD5_CTX *,uchar *,ui
::0000000000001FF8          SUB        X1, X29, #-var_28
::0000000000001FFC          LDR        X0, [SP,#0x160+var_148]
::0000000000002000          BL         ._Z8MD5FinalP7MD5_CTXPh ; MD5Final(MD5_CTX *,uchar *)
::0000000000002004          MOV        W9, WZR
::0000000000002008          STR        W9, [SP,#0x160+var_12C]
::000000000000200C          B          loc_2010
::0000000000002010 ; --------------------------------------------------------
::0000000000002010
```

● 图 5-11　so 文件中 md5 函数的汇编代码

5.4　Frida 修改函数参数与返回值

本节来讲解如何使用 Frida 框架修改函数参数和返回值，包括修改函数数值参数和返回值、修改字符串参数两部分。对于本节的学习可以参照之前 Java 层的 Hook，比对二者有什么相同和不同之处。

5.4.1　修改函数数值参数与返回值

Hook 函数以后，不但可以打印函数的参数和返回值，还可以进行修改。这一小节先来介绍一下，当函数的参数和返回值为数值时的修改方法。依然以 libxiaojianbang.so 中的导出函数 Java_com_xiaojianbang_ndk_NativeHelper_add 为例。代码如下：

```
var soAddr =Module.findBaseAddress("libxiaojianbang.so");
var addFunc =soAddr.add(0x1ACC);
Interceptor.attach(addFunc, {
    onEnter: function (args) {
        args[2] =ptr(100);
        //this.context.x2 =100;
        console.log(args[2].toInt32());
    }, onLeave: function (retval) {
        console.log(retval.toInt32());
        retval.replace(100);
        //this.context.x0 =100;
    }
});
/*
    args[2]:  100
    retval:  113
    //logcat 中的输出为
    //CADD addResult:100
 */
```

对于数值参数的修改，如果直接使用数值赋值，args[2] = 100，会有 expected a pointer 的错误提示。onEnter 函数接收一个参数为 args，类型为 NativePointer 的数组。类型不匹配，自然报错。任何时候都要清楚地知道变量的类型，才能更好地应用。因此，把数值 100 传入 ptr 函数，构建出 NativePointer 后赋值给 args[2] 即可。当然也可以使用 this.context.x2 = 100 的方式来修改，这是修改寄存器中的值，不需要构建 NativePointer。

onLeave 函数接收一个参数 retval，类型是 InvocationReturnValue，继承了 NativePointer，并增加了一个 replace 方法。因此，对于返回值的修改可以使用这个函数。当然也可以使用 this.context.x0 = 100 的方式来修改。

5.4.2　修改字符串参数

修改数值参数和修改字符串参数本质上是一样的，都是用 NativePointer 类型的值去替换。只不过修改字符串参数时，NativePointer 类型的值是一个地址，指向内存中的字符串。

本小节以 libxiaojianbang.so 中的 MD5Update 函数为例，通过 4 种方法来修改。该函数在 Java_com_xiaojianbang_ndk_NativeHelper_md5 函数中被调用，IDA F5 后的伪 C 代码如图 5-12 所示。可以看出 a3 是从 Java 层传过来的参数，经过 jstring2cstr 函数转换成 C 语言的 const char * 类型的字符串 v5，再传入 MD5Update 中进行加密。v8 是明文的长度，v9 是 MD5_CTX *，这是一个结构体。当然这不是从图中看出来的，这是对算法有足够的了解而进行的合理猜测。建议可以去了解下各种标准算法的实现细节，这对协议逆向分析非常有用。这里为了方便理解，直接贴出案例中的部分源码，代码如下：

```
//MD5Update 函数的声明
void MD5Update(MD5_CTX * context, unsigned char * input, unsigned int inputlen)
//MD5_CTX 结构体的定义
typedef struct
{
    unsigned int count[2];      //64bit,用于记录明文长度
    unsigned int state[4];      //MD5 算法的 4 个初始化魔数,在 MD5Init 函数中初始化
    unsigned char buffer[64]; //512bit 的分组长度,用于存放填充后的明文数据
} MD5_CTX;
void MD5Init(MD5_CTX * context) {
    context->count[0] = 0;
```

```
context->count[1]=0;
context->state[0]=0x67452301;
context->state[1]=0xEFCDAB89;
context->state[2]=0x98BADCFE;
context->state[3]=0x10325476;
}
```

```
      IDA View-A                    Pseudocode-A                    E
1  __int64 __fastcall Java_com_xiaojianbang_ndk_NativeHelper_md5(_JNIEnv *a1, __int64 a2, __int64 a3)
2  {
3    __int64 result; // x0
4    int i; // [xsp+34h] [xbp-12Ch]
5    const char *v5; // [xsp+38h] [xbp-128h]
6    size_t v8; // [xsp+70h] [xbp-F0h]
7    unsigned int v9[22]; // [xsp+98h] [xbp-C8h] BYREF
8    char v10[32]; // [xsp+F0h] [xbp-70h] BYREF
9    __int128 v11[2]; // [xsp+110h] [xbp-50h] BYREF
10   char v12; // [xsp+130h] [xbp-30h]
11   unsigned __int8 v13[16]; // [xsp+138h] [xbp-28h] BYREF
12   __int64 v14; // [xsp+148h] [xbp-18h]
13
14   v14 = *(_QWORD *)(_ReadStatusReg(ARM64_SYSREG(3, 3, 13, 0, 2)) + 40);
15   v5 = (const char *)jstring2cstr(a1, a3);
16   v12 = 0;
17   memset(v11, 0, sizeof(v11));
18   MD5Init(v9);
19   v8 = strlen(v5);
20   MD5Update(v9, v5, v8);
21   MD5Final(v9, v13);
22   for ( i = 0; i <= 15; ++i )
23   {
24     sub_2004(v10, 32LL, "%02x", v13[i]);
25     __strncat_chk(v11, v10, 2LL, 33LL);
26   }
27   _JNIEnv::ReleaseStringUTFChars(a1, a3, v5);
28   result = _JNIEnv::NewStringUTF(a1, (const char *)v11);
29   _ReadStatusReg(ARM64_SYSREG(3, 3, 13, 0, 2));
30   return result;
31 }
```

• 图 5-12　IDA F5 后的伪 C 代码

先 Hook MD5Update 函数，把参数打印出来。MD5Update 在 libxiaojianbang. so 中也是导出函数，汇编中的名字是 _Z9MD5UpdateP7MD5_CTXPhj，实现 Hook 的代码如下：

```
var MD5Update=Module.findExportByName("libxiaojianbang.so",
"_Z9MD5UpdateP7MD5_CTXPhj");
Interceptor.attach(MD5Update, {
    onEnter: function (args) {
        console.log(hexdump(args[1]));
        console.log(args[2].toInt32());
    }, onLeave: function (retval) {
    }
```

```
});
/*
    7ad0ca9f40    78 69 61 6f 6a 69 61 6e 62 61 6e 67 00 00 c0 41    xiaojianbang···A
    12

    7ad042e000    80 00 00 00 00 00 00 00 00 00 00 00 00 00 00 00    ···
    44

    7fda079e50    60 00 00 00 00 00 00 00 ed 17 ae 39 cf 5d 07 be    `···9.]..
    8
    //logcat 中的输出结果
    //CMD5 md5Result: 41bef1ce7fdc3e42c0e5d940ad74ac00
*/
```

以下讲解只考虑 MD5 算法的一个分组长度。可以看出 MD5Update 总共有三次调用，第一次调用传入的是明文 xiaojianbang，占 12 个字节，也就是 96bit。第二次是在 MD5Final 函数中调用的，先填入一个 0x80，之后全部填 0，用于将明文填充到 448bit，减去之前占用的 96bit，也就是 352bit，刚好等于 44 个字节。最后一次也是在 MD5Final 函数中调用的，填入 64bit 的数据，也就是 8 个字节，用来表示明文的 bit 长度。明文 xiaojianbang 所占 bit 长度为 96，也就是 0x60。MD5 算法使用小端字节序，因此内存中的数据为 60 00 00 00 00 00 00 00。三次 update 加入的数据总和满足 MD5 算法的一个分组长度 512bit。这些数据会复制到 MD5_CTX 结构体的 buffer 中，用于加密。

1. 修改参数指向的内存

既然传给 MD5Update 函数的参数是 char * 的指针，那么修改 char * 指向的内存数据，加密后的结果自然会改变。实现修改的代码如下：

```
function stringToBytes(str){
    return hexToBytes(stringToHex(str));
}
function stringToHex(str) {
    return str.split("").map(function(c) {
        return ("0" +c.charCodeAt(0).toString(16)).slice(-2);
    }).join("");
}
function hexToBytes(hex) {
    for (var bytes =[], c =0; c < hex.length; c += 2)
```

```
        bytes.push(parseInt(hex.substr(c,2),16));
    return bytes;
}
var MD5Update = Module.findExportByName("libxiaojianbang.so",
"_Z9MD5UpdateP7MD5_CTXPhj");
Interceptor.attach(MD5Update, {
    onEnter: function (args) {
        if(args[1].readCString() == "xiaojianbang"){
            let newStr = "xiaojian\0";
            args[1].writeByteArray(stringToBytes(newStr));
            console.log(hexdump(args[1]));
            args[2] = ptr(newStr.length - 1);
            console.log(args[2].toInt32());
        }
    }, onLeave: function (retval) {
    }
});
/*
    7b2e35bf50  78 69 61 6f 6a 69 61 6e 00 61 6e 67 0000 c0 41   xiaojian.ang…A
    8
    //logcat 中的输出结果
    //CMD5 md5Result: 66b0451b7a00d82790d4910a7a3a4162
*/
```

readCString 是 NativePointer 类里面的方法，用于从指定地址开始读取 C 语言字符串，返回 JavaScript 的 string 类型的字符串（可以调用 JavaScript 的 string 相关的方法）。该方法接收一个参数，用于指定读取的字节数，如果没有指定，则读取到 C 语言字符串结尾标志（字节 0）为止。当第 1 个参数传入的明文数据为 xiaojianbang 时，才进行修改操作，防止误改后两次调用 MD5Update 的参数。查看 readCString 在源码中的声明：

```
declare class NativePointer {
    readCString(size?: number): string | null;
    writeByteArray(value: ArrayBuffer | number[]): NativePointer;
}
```

writeByteArray 也是 NativePointer 类里面的方法，用于从指定地址开始写内存数据。该方法接收一个参数 ArrayBuffer 或者数值数组，用于指定写入的数据。

stringToBytes 函数不是 Frida 提供的，用于将 JavaScript 的字符串转换成字节数组。
newStr 字符串中的 \ 0，用于构造 C 语言字符串结尾标志（字节 0），占一个字节，因
此在之后计算明文长度时需要减 1。

将参数指向的内存修改以后，加密的结果也发生了变化，因此修改是成功的。这
种方式的缺点是修改了真实内存，其他函数访问这块内存也会有影响。而且如果写入
的新字符串比原字符串长，还有覆盖原有其他重要数据的风险。当然修改字符串不是
目的，通过这个案例来学习 Frida 的 API 使用方法才是最终意图。

2. 将内存中已有的字符串赋值给参数

上一小节通过修改参数地址对应的内存来修改参数，其实也可以把一个新的地址
赋值给参数，这个地址指向内存中已有的字符串即可。实现的代码如下：

```
var MD5Update =Module.findExportByName("libxiaojianbang.so", "_Z9MD5Up-
dateP7MD5_CTXPhj");
var strAddr =Module.findBaseAddress("libxiaojianbang.so").add(0x3CFD);
Interceptor.attach(MD5Update, {
    onEnter: function (args) {
        if(args[1].readCString() == "xiaojianbang"){
            args[1] =strAddr;
            console.log(hexdump(args[1]));
            args[2] =ptr(strAddr.readCString().length);
            console.log(args[2].toInt32());
        }
    }, onLeave: function (retval) {
    }
});
/*
    7ae6787cfd   63 6f 6d 2f 78 69 61 6f 6a 69 61 6e 62 61 6e 67   com/xiaojianbang
    7ae6787d0d   2f 6e 64 6b 2f 4e 61 74 69 76 65 48 65 6c 70 65   /ndk/NativeHelpe
    7ae6787d1d   72 00 65 6e 63 6f 64 65 00 28 29 4c 6a 61 76 61   r.encode.()Ljava
    33
    //logcat 中的输出结果
    //CMD5 md5Result: f6190c61b22ec8efe63fade2c47d8a49
* /
```

以 so 文件基址 + 字符串在 so 文件中的偏移地址的方式计算出字符串的内存地址

strAddr，注意这个地址任何时候都不需要加 1。再将 strAddr 赋值给第 1 个参数，并修改第 2 个参数的字符串长度。从输出结果中可以看出，明文被修改成了 com/xiaojianbang/ndk/NativeHelper，并且结果也发生了变化。这种方式修改的缺陷是指向内存中已有的字符串，灵活性不够，不一定能满足需求。

3. 修改 MD5_CTX 结构体中的 buffer 和 count

MD5_CTX 结构体中的 buffer 用来存放填充后的明文。每次调用 MD5Update 之后，都会改变 buffer 里面的数据。在 MD5Update 调用之后，修改 buffer 里面的数据也能改变加密后的结果。实现修改的代码如下：

```
//stringToBytes 函数的定义参考上一小节
var MD5Update = Module.findExportByName("libxiaojianbang.so", "_Z9MD5Up-
dateP7MD5_CTXPhj");
Interceptor.attach(MD5Update, {
    onEnter: function (args) {
        this.args0 = args[0];
        this.args1 = args[1];
    }, onLeave: function (retval) {
        if(this.args1.readCString() == "xiaojianbang"){
            let newStr = "jianbang";
            this.args0.add(24).writeByteArray(stringToBytes(newStr));
            console.log(hexdump(this.args0.writeInt(newStr.length * 8)));
        }
    }
});
/*
    7fda079f08   40 00 00 00 00 00 00 00 01 23 45 67 89 ab cd ef   @ ........#Eg....
    7fda079f18   fe dc ba 98 76 54 32 10 6a 69 61 6e 62 61 6e 67   ....vT2.jianbang
    7fda079f28   62 61 6e 67 00 00 00 00 d0 a0 07 da 7f 00 00 00   bang............
    7fda079f38   78 b2 2f 3e 7b 00 00 00 4c b2 2f 3e 7b 00 00 00   x./>{...L./>{...
    7fda079f48   00 00 00 00 00 00 00 00 06 00 00 00 00 00 00 00   ................
    7fda079f58   63 01 63 01 00 00 00 00 10 00 00 00 10 00 00 00   c.c.............
    //logcat 中的输出结果
    //CMD5 md5Result: ea54ded1bd8a592dd826fb919687f13f
*/
```

在 onEnter 函数里记录第 0 个参数 MD5_CTX 的地址和第 1 个参数 char * 的地址。当 MD5Update 函数执行完毕后，在 onLeave 函数里判断第 1 个参数的值为 xiaojianbang 时，才进行 MD5_CTX 结构体的修改。该结构体前 8 个字节用于记录原始明文的 bit 长度。之后是 16 个字节的初始化魔数，同样采用小端字节序，再往后就是 64 个字节的 buffer。因此，从 MD5_CTX 的地址处偏移 24 个字节后，使用 writeByteArray 写入明文数据，然后使用 NativePointer 里面的 writeInt，修改 MD5_CTX 结构体中用来表示明文 bit 长度的数据。writeInt 方法在源码中的声明如下，写入的数值为小端字节序，并且返回 NativePointer 本身。

```
declare class NativePointer {
    writeInt(value: number | Int64): NativePointer;
}
```

打印 MD5_CTX 结构体所在内存，可以看出修改成功，并且加密结果也发生了变化。该修改方法只对当前 MD5 算法有效，当 MD5_CTX 结构体改变后，需要重新分析内存结构，而且修改起来比较麻烦。

4. 在内存中构建新的字符串

此方式较为常用，且较为简便，但不能直接将字符串赋值给参数，比如 args[1] = " xiaojianbang&liruyi"，这是将 JavaScript 的 string 类型赋值给 NativePointer 类型，这样会报错。当然也不能把字符串传入 ptr 中，因为 ptr 函数虽然可以接收 string 类型参数，但必须是能转换成数值的。正确的做法是申请一块内存，在内存中写入字符串，然后把内存首地址赋值给参数。Memory 类里面的 allocUtf8String 可以完成这些操作。查看在源码中的声明：

```
declare namespace Memory {
    ...
    function alloc(size: number | UInt64, options?: MemoryAllocOptions): NativePointer;
    function allocUtf8String(str: string): NativePointer;
    function allocUtf16String(str: string): NativePointer;
    function allocAnsiString(str: string): NativePointer;
}
```

Memory 的 alloc 方法可以用来申请指定字节数的内存，会以 NativePointer 的形式返回这段内存的首地址。再通过 NativePointer 的 writeByteArray 写入字节数据。而对于字符串，Memory 直接提供了 allocUtf8String 来将 JavaScript 的 string 写入内存，并以

NativePointer 的形式返回生成的字符串首地址。Memory 还提供了 allocUtf16String 和 allocAnsiString，注意后者只能在 Windows 平台使用。综上所述，具体实现代码如下：

```
var MD5Update = Module. findExportByName ( " libxiaojianbang. so ", "_
Z9MD5UpdateP7MD5_CTXPhj");
var newStr = "xiaojianbang&liruyi";
var newStrAddr = Memory.allocUtf8String(newStr);
Interceptor.attach(MD5Update, {
    onEnter: function (args) {
        if(args[1].readCString() == "xiaojianbang"){
            args[1] = newStrAddr;
            console.log(hexdump(args[1]));
            args[2] = ptr(newStr.length);
            console.log(args[2].toInt32());
        }
    }, onLeave: function (retval) {
    }
});
/*
    7b34a80060  78 69 61 6f 6a 69 61 6e 62 61 6e 67 26 6c 69 72  xiaojianbang&lir
    7b34a80070  75 79 69 00 00 00 00 00 23 00 00 00 00 00 00 00  uyi.....#.......
    19
    //logcat 中的输出结果
    //CMD5 md5Result: 8f1968f06a1e62bb3d83119352cc26cc
*/
```

在使用 Memory. allocUtf8String 时，需要注意变量的作用域。虽然新构建的字符串只在 onEnter 函数中使用，但如果在 onEnter 函数中生成字符串，那么当 onEnter 函数执行完毕，局部变量会被回收，再执行原函数时，加密的就是一些未知数据了。因此，需要在函数体外使用 Memory. allocUtf8String 赋值给全局变量 newStrAddr，才能正确修改被加密的明文。

5.5 实战：某热点登录协议分析

本小节介绍一个实战案例，运用之前介绍的方法来分析某热点 App 应用程序的登录协议。首先，使用 HttpCanary 对该 App 应用程序的登录进行网络抓包，得到以下关键数据：

```
POST /api/v1/auth/login/sms HTTP/1.1
Content-Type: application/json
Connection: close
Charset: UTF-8
User-Agent: Dalvik/2.1.0 (Linux; U; Android 10; Pixel Build/QP1A.191005.007.
A3)
Host: api.xxxx.com
Accept-Encoding: gzip
Content-Length: 628
```

{"app_ver":"100","sign":"f8d121b822bccd14a858c4ffa05a9e5a122ce554","nonce":
"4oy6jk1634893498464","tzrd":"BwzXzSGFyiPstMIVuzTZb7LzTZzbXRJOFzpb......ZFB26p7dB-
E4=","timestamp":"1634893498"}

在上述字段中，只有三个值是未知的，nonce、tzrd 和 sign。在这里对 nonce 不做分析，有兴趣的可以自行逆向练手，这一类的值一般是随机生成的。这里只分析 sign 和 tzrd 是如何计算出来的。

先使用算法"自吐"脚本进行分析，兴许使用的是 Java 层的标准算法库，那么就直接出结果，不需要逆向了。测试后，从同时开启的抓包信息中复制 sign 值搜索无果，复制 tzrd 值搜索到如下信息：

```
Cipher.init('int', 'java.security.Key', 'java.security.spec.Algorithm-
ParameterSpec') is called!
AES/CBC/PKCS5Padding init Key Utf8:  PeMBjWOVbrMgElXO
...
AES/CBC/PKCS5Padding init iv Utf8:  VTToNCiifIJ9c2co
...
 =========================================================
Cipher.doFinal('[B') is called!
java.lang.Throwable
    at javax.crypto.Cipher.doFinal(Native Method)
    at com.xxxx.util.AesUtil.b(AesUtil.java:5)
    at com.xxxx.net.MhRequestUtil.a(MhRequestUtil.java:19)
    at com.xxxx.net.MhRequestUtil.b(MhRequestUtil.java:1)
    at com.xxxx.net.MhNetworkUtil$2.run(MhNetworkUtil.java:36)
```

```
...
AES/CBC/PKCS5 Padding doFinal data Utf8:  {"imei2":"null","device_name":"
google Pixel","code":"1234","imei1":"null","phone":"15968079477"......
b2e314e8 fd41a92a"}
...
AES/CBC/PKCS5 Padding doFinal result Base64:
BwzXzSGFyiPstMIVuzTZb7LzTZzbXRJOFzpb......ZFB26p7dBE4=
====================================================
```

从上述输出结果中可以看出，tzrd 这个值使用了 AES/CBC/PKCS5 Padding 加密，key 为 PeMBjWOVbrMgElXO，iv 为 VTToNCiifIJ9c2co，对应明文信息也有输出。在输出的明文信息中，除了 phone 和 code 以外，还有一些设备相关信息。本书在此不对设备相关信息做出分析，有兴趣的可以自行逆向练手。

接下来只对 sign 值做出分析，根据输出的函数栈，找到 com . xxxx . net . MhRequestUtil 类的 a 函数，该 App 应用程序反编译以后的对应代码如下：

```
...
public class MhRequestUtil {
    private static String a = "PeMBjWOVbrMgElXO";
    private static String b = "VTToNCiifIJ9c2co";
    public staticMap < String, String > a (int i, Context context, Map < String,
String > map) {
        ...
        try {
            ...
            str = Base64.encodeToString(AesUtil.b(jSONObject.toString().get-
Bytes(), a.getBytes(), b.getBytes()), 2);
        } catch (JSONException e) {
            ...
        } catch (Exception e2) {
            ...
        }
        ...
```

```
            map.put("tzrd", str);

            map.put("sign", TreUtil.sign(a(map, false, false)));

            return map;

        }

        ...

    }
```

从上述代码中可以看出，MhRequestUtil 类的属性 a 就是 AES 加密的 key，属性 b 就是 AES 加密的 iv。MhRequestUtil 类的 a 函数中确实调用了 AesUtil.b 方法来进行加密，加密结果放入到 map 中。而 sign 的值由 TreUtil.sign 计算所得。进入该函数后，对应代码如下：

```
    ...

    public class TreUtil {

        static {

            try {

                System.loadLibrary("tre");

            } catch (Throwable th) {

                th.printStackTrace();

            }

        }

        public static native byte[] iv();

        public static native byte[] key();

        public static native String sign(String str);

    }
```

可以看出 TreUtil.sign 方法是 native 方法，对应的 so 层实现在 libtre.so 中。找到对应 so，拖入 IDA 反编译，找到对应代码，F5 以后的伪 C 代码如图 5-13 所示。

从图 5-13 中可以看出，v27[0] ~ v27[4] 是 SHA1 算法的初始化魔数，j_SHA1Input 和 j_SHA1Result 是两个关键加密函数，之后对结果进行 hex 编码后，转成 jstring 返回给 Java 层。Hook 关键函数 j_SHA1Input 和_SHA1Result，该函数在 so 文件中的偏移地址分别为 0x15BE 和 0x14C8，由于是 thumb 指令，地址都需要 +1，具体实现 Hook 的代码如下：

```
50    v27[0] = 0x67452301;
51    v27[1] = 0xEFCDAB89;
52    v27[2] = 0x98BADCFE;
53    v27[3] = 0x10325476;
54    v27[4] = 0xC3D2E1F0;
55    v27[5] = 0;
56    v27[6] = 0;
57    v29 = 0;
58    v30 = 0;
59    memset(v25, 0, sizeof(v25));
60    v13 = strlen(v12);
61    v14 = j_SHA1Input(v27, v12, v13);
62    if ( v14 )
63      fprintf((FILE *)((char *)&_sF + 168), "SHA1Input Error %d.\n", v14);
64    v15 = j_SHA1Result(v27, v26);
65    if ( v15 )
66    {
67      fprintf((FILE *)((char *)&_sF + 168), "SHA1Result Error %d, could not compute message digest.\n", v15);
68    }
69    else
70    {
71      for ( i = 0; i != 20; ++i )
72      {
73        v17 = (unsigned __int8)v26[i];
74        v23[0] = 0;
75        v23[1] = 0;
76        v24 = 0;
77        sprintf((char *)v23, "%02x", v17);
78        strncat(v25, (const char *)v23, 5u);
79      }
80    }
81    return (*(int (__fastcall **)(int, char *))(*(_DWORD *)v20 + 668))(v20, v25);
82  }
83  return v6;
84 }
```
000018C6 Java_com_maihan_tredian_util_TreUtil_sign:61 (18C6)

● 图 5-13　sign F5 以后的伪 C 代码 （1）

```
var soAddr = Module.findBaseAddress("libtre.so");

var input = soAddr.add(0x15BE + 1);

var result = soAddr.add(0x14C8 + 1);

Interceptor.attach(input, {

    onEnter: function (args) {

        console.log("input onEnter args[1]: ", args[1].readCString())

        console.log("input onEnter args[2]: ", args[2].toInt32());

    }, onLeave: function (retval) {

    }

});

Interceptor.attach(result, {

    onEnter: function (args) {

        this.args1 = args[1];

    }, onLeave: function (retval) {

        console.log("result onLeave this.args1: ", hexdump(this.args1));
```

```
    }
});
/*
    input onEnter args[1]:  YXBwX3Zlcj0xMDAmbm9uY2 … lhK2B3OWc =
    input onEnter args[2]:  828
    result onLeave this.args1:
    c50f2574  67 67 6a 07 7d 37 f4 39 eb d5 62 49 9c 7c 2f 30   ggj.}7.9..bI.|/0
    c50f2584  c3 54 7d cd 07 6a 67 67 39 f4 37 7d 49 62 d5 eb   .T}..jgg9.7}Ib..
*/
```

从同时开启的抓包信息中看出，67 67 6a 07 7d 37 f4 39 eb d5 62 49 9c 7c 2f 30 c3
54 7d cd 确实是最后的 sign 值，但是 input 输入的明文信息并不是已知的数据包中的
值。将得到的明文信息用 SHA1 算法进行加密，得出与 Hook 一致的结果。因此，该
so 文件中使用的 SHA1 算法并未魔改，只需分析 input 输入的明文信息如何得到即可。

从图 5-14 中可知，j_SHA1Input 函数的第 1 个参数 v12 来自 j_base64_encode_new
函数的第 1 个参数。因此，对 j_base64_encode_new 函数进行 Hook，具体实现代码
如下：

```
var soAddr = Module.findBaseAddress("libtre.so");
var base64 = soAddr.add(0x13B4 + 1);
Interceptor.attach(base64, {
    onEnter: function (args) {
        console.log("base64 onEnter args[0]: ", args[0].readCString())
        this.args1 = args[1];
        console.log("base64 onEnter args[2]: ", args[2].toInt32());
    }, onLeave: function (retval) {
        console.log("base64 onLeave this.args1: ", this.args1.readCString());
    }
});
/*
    base64 onEnter args[0]:
app_ver = 100&nonce = 7tznu51634898812677&timestamp = 1634898812&tzrd =
BwzXzSGFyiPstMIVuzTZb7LzTZzbXRJOFzpb … ZFB26p7dBE4 = b2qKgtaW4, 9z9D `
Fmst? K5JZbLYOY]NP6ssGf2U ~ ;zk9oCNgoytV!}wW7ia + `w9g
    base64 onEnter args[2]:  620
    base64 onLeave this.args1:  YXBwX3Zlcj0xMDAmbm9uY2…lhK2B3OWc =
*/
```

从上述输出结果中可知，j_base64_encode_new 函数第 1 个参数输入的明文数据来自于提交的数据包中，并在后面拼接了一串字符串，而这串字符串是该 so 文件中一串固定的字符串，如图 5-14 中的第 30 行代码。

```
29
30    strcpy(v31, "b2qKgtaW4,9z9D`Fmst?K5JZbLYOY]NP6ssGf2U~;zk9oCNgoytV!}wW7ia+`w9g");
31    v5 = (*(int (__fastcall **)(int, int, char *))(*(_DWORD *)a1 + 676))(a1, a3, &v22);
32    v6 = 0;
33    if ( v5 )
34    {
35      v21 = &_stack_chk_guard;
36      v7 = (const char *)v5;
37      v19[0] = a3;
38      v8 = strlen(v31);
39      v19[1] = (int)v19;
40      v9 = (char *)v19 - ((strlen(v7) + v8 + 8) & 0xFFFFFFF8);
41      strcpy(v9, v7);
42      strcat(v9, v31);
43      v10 = *(_DWORD *)a1;
44      v20 = a1;
45      (*(void (__fastcall **)(int, int, const char *))(v10 + 680))(a1, v19[0], v7);
46      v11 = strlen(v9);
47      v12 = (const char *)&v19[-2 * v11];
48      j_base64_encode_new(v9, v12, v11);
49      v28 = 0;
50      v27[0] = 0x67452301;
51      v27[1] = 0xEFCDAB89;
52      v27[2] = 0x98BADCFE;
53      v27[3] = 0x10325476;
54      v27[4] = 0xC3D2E1F0;
55      v27[5] = 0;
56      v27[6] = 0;
57      v29 = 0;
58      v30 = 0;
59      memset(v25, 0, sizeof(v25));
60      v13 = strlen(v12);
61      v14 = j_SHA1Input((int)v27, (int)v12, v13);
62      if ( v14 )
63        fprintf((FILE *)((char *)&_sF + 168), "SHA1Input Error %d.\n", v14);
000018C4 Java_com_maihan_tredian_util_TreUtil_sign:61 (18C4)
```

图 5-14　sign F5 以后的伪 C 代码 （2）

综上所述，该 App 应用程序对登录数据包中的数据进行组合拼接后，再进行 base64 编码，接着进行 SHA1 加密后，就得到了 sign 的值。

小　结

本章介绍了一部分 Frida 在 so 层的 API，熟练运用这些 API 是学习后续章节的前提。获取 Module、枚举符号、Hook so 函数等在 so 层的逆向中是最基础的操作，也是需要读者牢记在心的 API。之后会综合这些 API 来使用，介绍一些更深入、更实用的内容。

第6章 JNI函数的Hook与快速定位

不管 App 应用程序自身的 so 文件如何混淆，系统函数都是不变的。通常可以 Hook 一系列系统函数来定位关键代码。linker、libc.so、libdl.so、libart.so 中都有很多可以被 Hook 的系统函数，其中 libart.so 中的 JNI 函数在 so 文件开发中很常用。通过 Hook JNI 函数，可以大体上知晓 so 函数的代码逻辑，如常用的逆向工具 jnitrace 就是 Hook 了大量的 JNI 函数，并打印参数、返回值及函数栈。本章主要介绍 JNI 函数的 Hook、主动调用及快速定位。

6.1 JNI 函数的 Hook

要 Hook JNI 函数，先要得到 JNI 函数的地址。本小节将介绍两种获取 JNI 函数地址并完成 Hook 的方式。

- 枚举 libart 的符号表，得到对应 JNI 函数地址后 Hook。这种方式既方便又通用，本书会在后续的内容中经常使用。
- 通过计算地址的方式来 Hook。先得到 JNIEnv 结构体的地址，再通过偏移得到对应 JNI 函数指针的地址，最后得到 JNI 函数真实地址。这种方式比较麻烦，但可以用来练手学习。这种方式除了需要自己计算偏移地址以外，还会因为 32 位和 64 位的指针长度不同，导致偏移地址不同。

6.1.1 JNIEnv 的获取

使用 C/C++ 开发 so 文件，JNIEnv * 指针变量最终都指向 JNINativeInterface 结构体。这个结构体中定义了很多函数指针。这些 JNI 函数可以帮助开发者非常简便地完成 C/C++ 与 Java 语言的交互，如 C/C++ 调用 Java 函数、访问 Java 属性，C/C++ 的数据类型与 Java 数据类型的相互转换。这些 JNI 函数在 so 文件开发中非常常用，也是逆向分析中的突破口。而要 Hook 或者调用这些 JNI 函数，都需要先获取 JNIEnv * 指针变量的内存地址，Frida 中提供了相应的方法来获取。

查看在源码中的声明：

```
declare namespace Java {
    ...
    const vm: VM;
    interface VM {
        ...
    getEnv(): Env;
        tryGetEnv(): Env |null;
    }
}
```

使用 Java.vm.getEnv( ) 和 Java.vm.tryGetEnv( ) 都可以返回 Frida 包装后的 JNIEnv 对象。区别是使用 getEnv 如果没有获取到 JNIEnv 对象会抛出错误，使用 tryGetEnv 如果没有获取到 JNIEnv 对象会返回 null。getEnv 和 tryGetEnv 在某些 Frida 版本中需要放在 Java.perform 中使用，本书使用的 Frida14.2.18 不需要。

使用 JSON.stringify 来查看 Frida 包装后 JNIEnv 对象的庐山真面目。代码如下：

```
console.log("env: ", JSON.stringify(Java.vm.tryGetEnv()));
//env:   {"handle":"0x6f96e19500","vm":{"handle":"0x7029e981c0"}}
```

该对象中的 handle 属性记录的是原始 JNIEnv * 指针变量的内存地址，如以下代码中 0x6f96e19500 就是 JNIEnv * 指针变量的内存地址。该变量存放的内容是：f0 de fd a4 6f 00 00 00。字节序转换后的值 0x6fa4fddef0 就是 JNIEnv 结构体的地址。从 f0 de fd a4 6f 00 00 00 到 0x6fa4fddef0 的过程可以用 NativePointer 里面的 readPointer 方法来完成。代码如下：

```
var env =Java.vm.tryGetEnv().
console.log(hexdump(env.handle));
/*
    6f96e19500  f0 de fd a4 6f 00 00 00 00 18 e1 96 6f 00 00 00  ....o.......o...
    6f96e19510  c0 81 e9 29 70 00 00 00 00 00 00 00 00 26 00 00  ...)p........&..
*/
console.log(hexdump(env.handle.readPointer()));
/*
    6fa4fddef0  00 00 00 00 00 00 00 00 00 00 00 00 00 00 00 00  ................
    6fa4fddf00  00 00 00 00 00 00 00 00 00 00 00 00 00 00 00 00  ................
    6fa4fddf10  68 32 d6 a4 6f 00 00 00 14 3a d6 a4 6f 00 00 00  h2..o....:..o...
    6fa4fddf20  18 42 d6 a4 6f 00 00 00 04 4a d6 a4 6f 00 00 00  .B..o....J..o...
*/
```

JNIEnv 结构体中的前 4 个函数指针是保留的，之后就是一连串的函数指针。env . handle 的类型是 NativePointer，所以可以使用 env . handle . readPointer( ) 来读指针。而 env 的类型不是 NativePointer，不能直接调用 readPointer 方法，但是可以通过 Memory . readPointer(env) 来达到相同的效果，也可以通过 ptr(env) . readPointer( ) 来达到相同的效果。代码如下所示：

```
console.log(hexdump(Memory.readPointer(env)));
//console.log(hexdump(ptr(env).readPointer()));
/*
    6fa4fddef0  00 00 00 00 00 00 00 00 00 00 00 00 00 00 00 00  ................
    6fa4fddf00  00 00 00 00 00 00 00 00 00 00 00 00 00 00 00 00  ................
    6fa4fddf10  68 32 d6 a4 6f 00 00 00 14 3a d6 a4 6f 00 00 00  h2..o....:..o...
    6fa4fddf20  18 42 d6 a4 6f 00 00 00 04 4a d6 a4 6f 00 00 00  .B..o....J..o...
*/
```

Memory . readPointer 是 Frida 之前版本的 API，在现在的 Frida 版本中依然可以使用，但不会有代码提示。由此可见，env 和 env . handle 在一定程度上是通用的，或者说会自行完成转换。如果要通过 Frida 封装的 API 来主动调用 JNI 函数，则只能使用 env，也就是 Frida 包装后的 JNIEnv 对象。

要得到原始 JNIEnv * 指针变量的内存地址，也可以通过 Hook 某些函数来做到，如 JNI 静态注册和动态注册函数的第 0 个参数就是 JNIEnv * 指针变量。

6.1.2　枚举 libart 符号表来 Hook

将 libart . so 从手机中拉取出来，拖入 IDA 中反编译。Android 10 系统中 libart . so 所在位置为/system/apex/com. android. runtime. release/lib64/libart. so，也可以使用 find 命令寻找所在位置，如图 6-1 所示。

● 图 6-1　libart. so 所在位置

以 Hook libart.so 中的 NewStringUTF 为例，该函数用于将 C 语言的字符串转换成 Java 的字符串。在 libart.so 中包含 NewStringUTF 的符号有两个，如图 6-2 所示，需要 Hook 的是不包含 CheckJNI 的符号。实现 Hook 的代码如下：

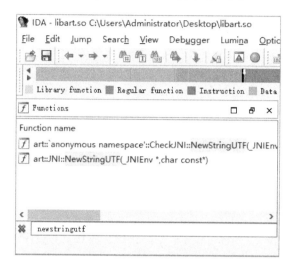

● 图 6-2　libart.so 中的符号

```javascript
function hook_jni() {
    var _symbols = Process.getModuleByName("libart.so").enumerateSymbols();
    var newStringUtf = null;
    for (let i = 0; i < _symbols.length; i ++) {
        var _symbol = _symbols[i];
        if(_symbol.name.indexOf("CheckJNI") == -1 &&
_symbol.name.indexOf("NewStringUTF") != -1){
            newStringUtf = _symbol.address;
        }
    }
    Interceptor.attach(newStringUtf, {
        onEnter: function (args) {
            console.log("newStringUtf  args: ", args[1].readCString());
        }, onLeave: function (retval) {
            console.log("newStringUtf  retval: ", retval);
        }
    });
}
hook_jni();
```

```
/*
    newStringUtf args:  GB2312
    newStringUtf retval:  0x81
    newStringUtf args:  41bef1ce7fdc3e42c0e5d940ad74ac00
    newStringUtf retval:  0xa9
*/
```

　　枚举 libart.so 中的符号表，当符号名不包含 CheckJNI，但包含 NewStringUTF 时，就是所需要的符号，这比直接用汇编中的符号 _ZN3art3JNI12NewStringUTFEP7_JNIEn-vPKc 来判断要方便许多。NewStringUTF 的第 0 个参数是 JNIEnv *，第 1 个参数是 const char *，返回值为 jstring。可以使用 args[1].readCString() 来得到传入的第 1 个参数。返回值是 Java 的类型，无法直接在内存中查看，但可以主动调用相应 JNI 函数，转为 C 语言类型后，再查看内存中的数据。

6.1.3　通过计算地址的方式来 Hook

　　查看 JNIEnv 结构体，也就是 JNINativeInterface 结构体在 jni.h 中的定义。代码如下：

```
struct JNINativeInterface {
    ...
    jstring  (* NewStringUTF)(JNIEnv*, const char* );
}
```

　　在之前的小节中介绍过，Frida 框架中可以使用 Java.vm.tryGetEnv().handle.readPointer() 来得到 JNIEnv 结构体的地址。NewStringUTF 是 JNIEnv 结构体中的第 167 个函数指针（从 0 开始算）。在 64 位的 App 应用程序里，一个指针占 8 个字节，所以从 JNIEnv 结构体的地址偏移 1336 个字节（十六进制的 0x538）即可得到 NewStringUTF 函数指针的内存地址。在 32 位的 App 应用程序里，一个指针占 4 个字节，所以从 JNIEnv 结构体的地址偏移 668 个字节（十六进制的 0x29C）即可得到 NewStringUTF 函数指针的内存地址。具体代码如下：

```
var envAddr = Java.vm.tryGetEnv().handle.readPointer();
var NewStringUTF = envAddr.add(167 * Process.pointerSize);
var NewStringUTFAddr = envAddr.add(167 * Process.pointerSize).readPointer();
console.log(hexdump(NewStringUTF));
console.log(hexdump(NewStringUTFAddr));
```

```
console.log(Instruction.parse(NewStringUTFAddr).toString());
/*

    6fa4fde428   ec 30 d7 a4 6f 00 00 00 a0 38 d7 a4 6f 00 00 00  .0..o....8..o...
    6fa4fde438   50 40 d7 a4 6f 00 00 00 70 40 d7 a4 6f 00 00 00  P@ ..o...p@ ..o...
    6fa4d730ec   ff 43 03 d1 fc 6f 07 a9 fa 67 08 a9 f8 5f 09 a9  .C...o...g..._..
    6fa4d730fc   f6 57 0a a9 f4 4f 0b a9 fd 7b 0c a9 fd 03 03 91  .W...O...{......


    sub sp, sp, #0xd0
*/
```

上述代码中的 Process. pointerSize 在 32 位 App 应用程序中为 4，在 64 位 App 应用程序中为 8，解决了因指针大小不一样而导致偏移地址不一样的问题。上述代码中的NewStringUTF得到的是函数指针的内存地址，NewStringUTFAddr 得到的是真实函数的地址。在最后的输出中可以看到，0x6fa4fde428 就是 NewStringUTF 函数指针的内存地址，里面存放的数据 ec 30 d7 a4 6f 00 00 00 转换字节序后，0x6fa4d730ec 就是函数的内存地址。使用Frida提供的 Instruction. parse(NewStringUTFAddr). toString ( )方法可以将指令转换成汇编代码。sub sp, sp, #0xd0 是进入函数的第一步，提升栈空间。

有了 JNI 函数的地址，接下来的 Hook 代码就很容易了。具体实现代码如下：

```
function hook_jni2() {
    var envAddr = Java.vm.tryGetEnv().handle.readPointer();
    var NewStringUTFAddr = envAddr.add(167 * Process.pointerSize).readPointer();
    Interceptor.attach(NewStringUTFAddr, {
        onEnter: function (args) {
            console.log("FindClass args: ", args[1].readCString());
        }, onLeave: function (retval) {
            console.log("FindClass retval: ", retval);
        }
    });
}

hook_jni2();
/*
```

```
    newStringUtf args:  GB2312
    newStringUtf retval:  0x81
    newStringUtf args:  41bef1ce7fdc3e42c0e5d940ad74ac00
    newStringUtf retval:  0xa9
 * /
```

6.2 主动调用 so 函数

在上一小节中，Hook 了 JNI 函数 NewStringUTF，该函数的返回值是 jstring 类型，无法直接在内存中查看。可以主动调用相关 JNI 函数来完成 Java 类型到 C 语言类型的转换。比如对于 jstring 来说，需要先调用 JNI 函数 GetStringUTFChars 转为 C 语言的 const char * 以后，才能去导出内存，查看数据。

6.2.1 Frida API 主动调用 JNI 函数

本小节通过 Frida API 来主动调用 JNI 函数。先通过 Java. vm. tryGetEnv( ) 获取 Frida 包装后的 JNIEnv 对象，接着就可以通过 Frida 封装的 API 来调用 JNI 函数。

Frida 对这些 API 的命名与原始 JNI 函数稍有不同。原始 JNI 函数的命名遵循大驼峰命名法，并且 UTF 全大写。Frida 封装的 API 的命名遵循小驼峰命名法，并且 UTF 只有首字母大写。比如原始 JNI 函数中的 NewStringUTF 在 Frida 的封装中变成了 newStringUtf。原始 JNI 函数中的 GetStringUTFChars 在 Frida 的封装中变成了 getStringUtfChars。

在参数数量上也略有不同，JNINativeInterface 结构体中的函数指针，第 0 个参数都是 JNIEnv * ，在 Frida 封装的 API 中，不需要传这个参数。具体函数名可在以下文件中查看。https：//github .com/frida/frida-java-bridge/blob/fed9e61bfa2fbe5289e834200933b724bf8c7ff6/lib/env.js。将上一小节 hook_jni 函数中的代码稍作修改，代码如下：

```
function hook_jni() {
    var _symbols = Process.getModuleByName("libart.so").enumerateSymbols();
    var newStringUtf = null;
    for (let i = 0; i < _symbols.length; i ++) {
        var _symbol = _symbols[i];
        if (_symbol.name.indexOf("CheckJNI") == -1 &&
```

```
_symbol.name.indexOf("NewStringUTF") != -1){
        newStringUtf = _symbol.address;
    }
}
Interceptor.attach(newStringUtf, {
    onEnter: function (args) {
        console.log("newStringUtf  args: ", args[1].readCString());
    }, onLeave: function (retval) {
        var cstr = Java.vm.tryGetEnv().getStringUtfChars(retval);
        console.log(hexdump(cstr));
        console.log("newStringUtf retval: ", cstr.readCString());
    }
});
}
hook_jni();
/*
    newStringUtf  args:  GB2312
    6f94653dc0  47 42 32 33 31 32 00 00 00 00 00 00 00 00 00 00  GB2312..........
    6f94653dd0  00 00 00 00 00 00 00 00 00 00 00 00 00 00 00 00  ................
    newStringUtf  retval:  GB2312

    newStringUtf  args:  41bef1ce7fdc3e42c0e5d940ad74ac00
    6f96e081d0  34 31 62 65 66 31 63 65 37 66 64 63 33 65 34 32  41bef1ce7fdc3e42
    6f96e081e0  63 30 65 35 64 39 34 30 61 64 37 34 61 63 30 30  c0e5d940ad74ac00
    newStringUtf  retval:  41bef1ce7fdc3e42c0e5d940ad74ac00
* /
```

主动调用 GetStringUTFChars 函数，传入的 retval 参数是 jstring 类型的，返回的 cstr 是一个地址。可以通过 hexdump 函数打印内存，也可以直接调用 readCString 来显示字符串。最终结果与 NewStringUTF 传入的实参一致。因此 JNI 函数 GetStringUTFChars 和 NewStringUTF 的作用刚好相反。

6.2.2　so 层文件打印函数栈

通过 Hook 某些系统函数并打印函数栈是快捷定位关键代码的方法之一。在 Frida 中，可以使用 Thread.backtrace 来获取函数栈，查看在源码中的声明：

```
declare namespace Thread {
    function backtrace(context?: CpuContext, backtracer?: Backtracer): NativePointer[];
    function sleep(delay: number): void;
}
```

Thread 中只提供了两个函数。其中 sleep 函数比较简单，传入一个参数 delay，用于挂起当前线程，在给定的秒数后恢复。backtrace 函数用于获取函数栈，传入两个可省略参数，返回 NativePointer 类型的地址数组。但是推荐这两个参数不要省略，因为打印 so 层的函数栈不如 Java 层函数栈那么精确，而提供这两个参数能为当前线程获取更准确的函数栈。第 0 个参数是 context，表示需要在能够获取到 context 的地方使用，如 onEnter、onLeave 函数，NativeCallback，Process.setExceptionHandler 的回调函数中。第 1 个参数需要传入 Backtracer 类型。查看源码中的声明：

```
declare class Backtracer {
    static ACCURATE: Backtracer;
    static FUZZY: Backtracer;
}
```

Backtracer 类有两个属性，当传入的参数指定为 ACCURATE 属性时，获取的信息比较准确，但不是所有情况都适用。当传入的参数指定为 FUZZY 属性时，对任何二进制文件都有效，但结果可能不是很准确。在实际应用中，两种属性都可以试一下。代码如下：

```
//…
console.log(Thread.backtrace(this.context, Backtracer.ACCURATE));
//0x79ca9793a8,0x79604347f8,0x7960434fd0,0x79ca75a354,0x79ca7515bc,0x79ca760088…


//…
console.log(Thread.backtrace(this.context, Backtracer.FUZZY));
//0x79604347f8,0x7960434fd0,0x79ca75a354,0x79ca7515bc,0x79ca760088,0x79ca8febc4…
```

可以看出输出的结果都是一堆地址，这时可以使用 DebugSymbol.fromAddress 方法来获取对应地址的调试信息。代码如下：

```
console.log(DebugSymbol.fromAddress(ptr(0x79ca9793a8)).toString());
console.log(DebugSymbol.fromAddress(ptr(0x79604347f8)).toString());
console.log(DebugSymbol.fromAddress(ptr(0x7960434fd0)).toString());
```

```
/*
    0x79ca9793a8
libart.so!_ZN3art12_GLOBAL__N_18CheckJNI12NewStringUTFEP7_JNIEnvPKc +0x2bc
    0x79604347f8 libxiaojianbang.so!_ZN7_JNIEnv12NewStringUTFEPKc +0x2c
    0x7960434fd0 libxiaojianbang.so!Java_com_xiaojianbang_ndk_NativeHelper_
md5 +0x194
*/
```

从上述输出的结果中，可以得知的信息：被调用的地址（实际有一个指令长度的偏差）、所在的模块名、函数名、被调用地址相对函数首地址的偏移量。但如果对应地址没有符号信息，情况就不一定这么乐观了。

综上所述，想要打印函数栈，只要将 Thread.backtrace 返回的数组中的地址依次传入 DebugSymbol.fromAddress 获取相应调试信息后输出即可。将上一小节的 hook_jni 函数稍作修改，查看最终的效果。代码如下：

```
function hook_jni() {
    var _symbols = Process.getModuleByName("libart.so").enumerateSymbols();
    var newStringUtf = null;
    for (let i =0; i < _symbols.length; i ++) {
        var _symbol = _symbols[i];
        if(_symbol.name.indexOf("CheckJNI") == -1 &&
_symbol.name.indexOf("NewStringUTF") != -1){
            newStringUtf = _symbol.address;
        }
    }
    Interceptor.attach(newStringUtf, {
        onEnter: function (args) {
            console.log(Thread.backtrace(this.context,
Backtracer.ACCURATE).map(DebugSymbol.fromAddress).join("\n") + "\n");
            console.log("newStringUtf  args: ", args[1].readCString());
        }, onLeave: function (retval) {
        }
    });
}
hook_jni();
```

```
/*
    0x79ca9793a8 libart.so! _ZN3art12_GLOBAL__N_18CheckJNI12NewStringUTFEP7_
JNIEnvPKc +0x2bc
    0x79604347f8 libxiaojianbang.so! _ZN7_JNIEnv12NewStringUTFEPKc +0x2c
    0x7960434fd0 libxiaojianbang.so! Java_com_xiaojianbang_ndk_NativeHelper_
md5 +0x194
    0x79ca75a354 libart.so! art_quick_generic_jni_trampoline +0x94
    0x79ca7515bc libart.so! art_quick_invoke_static_stub +0x23c
    ...
    newStringUtf  args:  41bef1ce7fdc3e42c0e5d940ad74ac00
*/
```

map 是 JavaScript 中数组的方法，用于遍历数组成员。关于 JavaScript 的内容，本书不作过多展开。so 函数将数据加密以后，如果需要以字符串形式返回给 Java 层，那么必然使用 NewStringUTF 函数，Hook 该函数并打印函数栈，大概率能定位到关键代码处于哪个 so 文件的哪个函数中。

6.2.3　DebugSymbol 类

上一小节讲解了 DebugSymbol.fromAddress 方法的使用。这一小节来整体介绍下 DebugSymbol 类，其在源码中的声明如下所示：

```
declare class DebugSymbol {
    address: NativePointer;          //符号所在地址
    name: string | null;             //符号名
    moduleName: string | null;       //符号所在模块名
    fileName: string | null;         //符号所在文件名
    lineNumber: number | null;       //符号在文件里的行号
    static fromAddress(address: NativePointerValue): DebugSymbol;//通过地
址获取符号
    static fromName(name: string): DebugSymbol;          //通过名字获取符号
    //传入函数名,返回该函数所在地址
    //如果有多个同名函数,则返回第一个。如果没找到,则报错
    static getFunctionByName(name: string): NativePointer;
    //传入函数名,以数组形式返回函数地址
    static findFunctionsNamed(name: string): NativePointer[];
```

```
static findFunctionsMatching(glob: string): NativePointer[];
//加载指定模块中的符号
static load(path: string): void;
toString(): string;
}
```

简单测试一下这些属性和方法。具体代码如下：

```
var debsym = DebugSymbol.fromName("strcat");
console.log("address: ", debsym.address);
console.log("name: ", debsym.name);
console.log("moduleName: ", debsym.moduleName);
console.log("fileName: ", debsym.fileName);
console.log("lineNumber: ", debsym.lineNumber);
console.log("toString: ", debsym.toString());


console.log("getFunctionByName: ", DebugSymbol.getFunctionByName("str-
cat"));
console.log("findFunctionsNamed: ", DebugSymbol.findFunctionsNamed("
JNI_OnLoad"));
console.log("findFunctionsMatching: ", DebugSymbol.findFunctionsMatch-
ing("JNI_OnLoad"));
/*
    address:  0x7a4d20222c
    name:  strcat
    moduleName:  libc.so
    fileName:
    lineNumber:  0
    toString:  0x7a4d20222c libc.so! strcat

    getFunctionByName:  0x7a4d20222c
    findFunctionsNamed:
0x79c20cf89c,0x79c206d35c,0x79c08b1898,0x79b6419ab8,0x79b6377014,0x79b62e7070,
0x79b27cd1f8,0x796f4eef0c,0x7960434d28
    findFunctionsMatching:
```

```
0x7960434d28,  0x796f4eef0c,  0x79b27cd1f8,  0x79b62e7070,  0x79b6377014,
0x79b6419ab8,0x79c08b1898,0x79c206d35c,0x79c20cf89c
*/
```

6.2.4　so 层主动调用任意函数

之前介绍的内容都是被动 Hook，也就是只有 App 应用程序调用了这个函数，才会触发 Hook 代码。调用的时机由 App 应用程序自身决定，传入被 Hook 函数的实参由 App 应用程序来构造。Frida 提供 new NativeFunction 的方式来创建函数指针，有了这个函数指针，即可在代码中主动调用 so 层函数，传入自定义的实参。来看一下 NativeFunction 的语法：

```
new NativeFunction(address, returnType, argTypes[, abi])
```

需要传入函数地址、返回值类型、参数类型数组和可省略的 abi 参数。returnType 和 argTypes 支持很多种类型：void、pointer、int、uint、long、ulong、char、uchar、float、double、int8、uint8、int16、uint16、int32、uint32、int64、uint64、bool、size_t、ssize_t。比较常用的是 void、pointer 和 int。

其实传给 NativeFunction 的返回值和参数类型不用非常精确，也可以调用函数，对此感兴趣的可以自行测试。这正符合逆向分析的应用场景，因为 IDA 反汇编出来的函数参数和返回值类型通常是不准确的。

以 libxiaojianbang.so 中的 jstring2cstr 函数为例来介绍 so 层函数的主动调用。该函数在 Java_com_xiaojianbang_ndk_NativeHelper_md5 函数中被调用，IDA F5 后的伪 C 代码如图 6-3 所示。jstring2cstr 函数传入的第 0 个参数是 JNIEnv *，第 1 个参数是 jstring，返回 const char * 类型的 C 语言字符串，这三个类型在 NativeFunction 的 returnType 和 argTypes 支持类型中均为 pointer。该函数在 libxiaojianbang.so 中的偏移地址是 0x16BC，实现主动调用的代码如下：

```
Java.perform(function () {
    var soAddr = Module.findBaseAddress("libxiaojianbang.so");
    var funAddr = soAddr.add(0x16BC);
    var jstr2cstr = new NativeFunction(funAddr,'pointer',['pointer','pointer']);
    var env = Java.vm.tryGetEnv();
    //主动调用 jni 函数 newStringUtf,将 JavaScript 的字符串转为 Java 字符串
    var jstring = env.newStringUtf("xiaojianbang");
```

```
var retval = jstr2cstr(env.handle, jstring);
//var retval = jstr2cstr(env, jstring);
console.log(retval.readCString());
});
//xiaojianbang
```

```
              IDA View-A          ⊠  📄          Pseudocode-A          ⊠  📄
 1  int64 __fastcall Java_com_xiaojianbang_ndk_NativeHelper_md5(_JNIEnv *a1, __int64 a2, __int64 a3)
 2  {
 3    __int64 result; // x0
 4    int i; // [xsp+34h] [xbp-12Ch]
 5    const char *v5; // [xsp+38h] [xbp-128h]
 6    size_t v8; // [xsp+70h] [xbp-F0h]
 7    unsigned int v9[22]; // [xsp+98h] [xbp-C8h] BYREF
 8    char v10[32]; // [xsp+F0h] [xbp-70h] BYREF
 9    __int128 v11[2]; // [xsp+110h] [xbp-50h] BYREF
10    char v12; // [xsp+130h] [xbp-30h]
11    unsigned __int8 v13[16]; // [xsp+138h] [xbp-28h] BYREF
12    __int64 v14; // [xsp+148h] [xbp-18h]
13
14    v14 = *(_QWORD *)(_ReadStatusReg(ARM64_SYSREG(3, 3, 13, 0, 2)) + 40);
15    v5 = (const char *)jstring2cstr(a1, a3);
16    v12 = 0;
17    memset(v11, 0, sizeof(v11));
18    MD5Init(v9);
19    v8 = strlen(v5);
20    MD5Update(v9, v5, v8);
21    MD5Final(v9, v13);
22    for ( i = 0; i <= 15; ++i )
23    {
24      sub_2004(v10, 32LL, "%02x", v13[i]);
25      __strncat_chk(v11, v10, 2LL, 33LL);
26    }
27    _JNIEnv::ReleaseStringUTFChars(a1, a3, v5);
28    result = _JNIEnv::NewStringUTF(a1, (const char *)v11);
29    _ReadStatusReg(ARM64_SYSREG(3, 3, 13, 0, 2));
30    return result;
31  }
```

● 图 6-3　IDA F5 后的伪 C 代码

　　先得到 libxiaojianbang.so 的基址 soAddr，再通过计算得到 jstring2cstr 的函数地址 funAddr，接着使用 new NativeFunction 创建函数指针，变量名为 jstr2cstr，然后就要构建相应的实参，最后调用函数并显示结果。传递实参时可以直接传递 Frida 包装后的 JNI-Env 对象，也就是上述代码中的 env。也可以传递原始 JNIEnv * 变量的内存地址，也就是上述代码中的 env.handle。如果要使用 Frida 封装的 API 来主动调用 JNI 函数，那就只能用 Frida 包装后的 JNIEnv 对象，如上述代码中的 env.newStringUtf（"xiaojianbang"）。

6.2.5　通过 NativeFunction 主动调用 JNI 函数

　　上一小节介绍了 so 层主动调用任意函数，既然是任意函数，那自然是包括 JNI 函数的。本小节就来演示通过 NativeFunction 声明 JNI 函数指针调用 JNI 函数的方法。具体代码实现如下：

```
var symbols = Process.getModuleByName("libart.so").enumerateSymbols();
var NewStringUTFAddr = null;
var GetStringUTFCharsAddr = null;
for (var i = 0; i < symbols.length; i ++) {
    var symbol = symbols[i];
    if(symbol.name.indexOf("CheckJNI") == -1 &&
symbol.name.indexOf("NewStringUTF") != -1){
        NewStringUTFAddr = symbol.address;
    }else if (symbol.name.indexOf("CheckJNI") == -1 &&
symbol.name.indexOf("GetStringUTFChars") != -1){
        GetStringUTFCharsAddr = symbol.address;
    }
}
var NewStringUTF = new NativeFunction (NewStringUTFAddr, 'pointer', ['
pointer', 'pointer']);
var GetStringUTFChars = new NativeFunction(GetStringUTFCharsAddr, 'point-
er', ['pointer', 'pointer', 'pointer']);

var jstring = NewStringUTF(Java.vm.tryGetEnv().handle,
Memory.allocUtf8String("xiaojianbang"));
console.log(jstring);

var cstr = GetStringUTFChars(Java.vm.tryGetEnv(), jstring, ptr(0));
console.log(cstr.readCString());
/*
    0x1
    xiaojianbang
*/
```

上述代码先获取了 NewStringUTF 和 GetStringUTFChars 的函数地址，具体代码已出现过多次，不再赘述。接着使用 new NativeFunction 声明了两个函数指针，一般参数类型要与 jni.h 中声明的一致，查看这两个函数在 jni.h 中的声明：

```
struct JNINativeInterface {
    ...
```

```
jstring      (* NewStringUTF)(JNIEnv* ,  const char* );
const char* (* GetStringUTFChars)(JNIEnv* ,  jstring,  jboolean* );
};
```

由此可知，这两个函数的参数和返回值均为 pointer。使用 Java.vm.tryGetEnv()
.handle 得到 JNIEnv * 指针变量地址，使用 Memory.allocUtf8String（"xiaojianbang"）创
建 char * 类型的字符串，传入到 NewStringUTF 生成 jstring。Java 的类型无法直接在内存
中查看，于是又传入到 GetStringUTFChars 转成 char * 类型后输出结果。GetStringUTF-
Chars 的最后一个参数是 jboolean * ，最简单的操作就是传入 ptr(0) 当空指针。在 C 语言
中，jboolean 可以用 1 个字节的数值代替，也就是说，实际上应该传入一个地址，这个
地址存放着一个字节的数据，并且是有权限访问的。相关代码也可以改成如下形式：

```
var cstr = GetStringUTFChars(Java.vm.tryGetEnv(),  jstring,  Memory.al-
loc(1).writeS8(1));
console.log(cstr.readCString());
//xiaojianbang
```

在使用 new NativeFunction 声明函数指针时，某些参数与 jni.h 中不一致也是可以
调用的如 GetStringUTFChars 可以只传两个参数，代码如下：

```
//...
var GetStringUTFChars = new NativeFunction(GetStringUTFCharsAddr, 'point-
er', ['pointer', 'pointer']);
var cstr = GetStringUTFChars(Java.vm.tryGetEnv(),  jstring);
console.log(cstr.readCString());
//xiaojianbang
```

6.3　JNI 函数注册的快速定位

通过之前关键代码快速定位的学习，以及一系列的实战案例，读者应该明白了快
速定位代码的重要性。本节的 JNI 函数注册的快速定位也是较为重要的，在讲解具体
代码之前，先来介绍一下快速定位 JNI 函数注册在哪个 so 文件中的必要性。

以一个案例来说明，以下是 NativeHelper 类的源码：

```
...
public class NativeHelper {
    static {
```

```
        System.loadLibrary("xiaojianbang");
    }
    public native static int add(int a, int b, int c);
    public native static String encode();
    public native static String md5(String str);
}
```

从上述代码中，可以知道 libxiaojianbang.so 中定义了 add、encode、md5 这些 native 方法。但实际上 so 文件的加载并非必须在本类中进行，可以将上述代码中的静态代码块放到MainActivity.java 中，代码如下：

```
//NativeHelper.java 类中的代码
...
public class NativeHelper {
    public native static int add(int a, int b, int c);
    public native static String encode();
    public native static String md5(String str);
}


//MainActivity.java 类中的代码
...
public class MainActivity extends AppCompatActivity implements View.On-
ClickListener {
    static {
        System.loadLibrary("xiaojianbang");
        System.loadLibrary(…);
        System.loadLibrary(…);
    }
    ...
}
```

只要保证函数被调用前，对应 so 文件已经加载即可，并没有规定必须在哪个类中去加载。而且一个 App 应用程序可以有很多个 so 文件，如果这些 so 文件都放在一起加载，那么静态分析就没法快速知道某个 native 函数来自哪个 so 文件。将 so 文件都拖入 IDA 中查看并不现实，烦琐又耗时，由于 so 文件可以混淆，还可能会一无所获。这时利用 Hook 来快速定位就显得极为便捷。

- 快速定位的思路也很简单，无非就是 Hook 系统函数。JNI 的函数注册分为静态注册和动态注册，但不管哪一种，都会调用相应的系统函数，找一个合适的函数 Hook 即可。
- JNI 函数静态注册可以 Hook dlsym。静态注册的方式在一开始并没有绑定 so 层的函数。当 Java 层的 native 函数首次被调用，系统会按规则构建出对应的函数名，通过 dlsym 去每一个 so 文件中寻找符号，找到后进行绑定。
- JNI 函数动态注册可以 Hook RegisterNatives。这个很容易理解，因为就是使用这个函数来动态注册的。当然也可以对系统源码进行分析，找一个更底层的函数来 Hook。
- Hook 其他 JNI 函数，如 NewStringUTF 函数，然后打印函数栈即可。也可以直接使用 jnitrace。

6.3.1 Hook dlsym 获取函数地址

先来查看 dlsym 的函数声明。代码如下：

```
void * dlsym(void * handle, const char* symbol);
```

handle 是使用 dlopen 函数之后返回的句柄，symbol 是要求获取的函数的名称，返回值是 void *，指向函数的地址。具体 Hook 代码如下：

```
var dlsymAddr =Module.findExportByName("libdl.so", "dlsym");
Interceptor.attach(dlsymAddr, {
    onEnter: function (args) {
        this.args1 =args[1];
    }, onLeave: function (retval) {
        console.log(this.args1.readCString(),  retval);
    }
});
/*
    //app 以 spawn 的方式启动,得到如下输出
    oatdata 0x7d360c3000
    ...
    oatdatabimgrelro 0x0
    HMI 0x7d33c94018
    //单击 CADD 按钮后输出,之后不再触发
    JNI_OnLoad 0x7d337abe10
```

```
Java_com_xiaojianbang_ndk_NativeHelper_add 0x7d337abacc
//单击 CMD5 按钮后输出,之后不再触发
Java_com_xiaojianbang_ndk_NativeHelper_md5 0x7d337abf2c
*/
```

从上述输出结果可知，dlsym 函数返回的地址有可能为 0。静态注册的 native 函数首次被调用才会经过 dlsym 函数，之后不再触发。JNI_OnLoad 不属于静态注册函数，只是系统在 so 文件加载完毕后，去获取 JNI_OnLoad 函数地址，使用的也是 dlsym。

有了函数地址，可以使用 Process 的 findModuleByAddress 找到对应的模块。有了模块地址和函数地址，还可以计算函数在模块中的偏移地址。将上述代码稍作修改，代码如下：

```
var dlsymAddr = Module.findExportByName("libdl.so", "dlsym");
Interceptor.attach(dlsymAddr, {
    onEnter: function (args) {
        this.args1 = args[1];
    }, onLeave: function (retval) {
        var module = Process.findModuleByAddress(retval);
        if(module == null) return;
        console.log(this.args1.readCString(), module.name, retval,
retval.sub(module.base));
    }
});
/*

    ...
    JNI_OnLoad libxiaojianbang.so 0x7d91131e10 0x1e10
    Java_com_xiaojianbang_ndk_NativeHelper_add libxiaojianbang.so
0x7d91131acc 0x1acc
    Java_com_xiaojianbang_ndk_NativeHelper_md5 libxiaojianbang.so
0x7d91131f2c 0x1f2c
*/
```

6.3.2　Hook RegisterNatives 获取函数地址

要 Hook 一个函数，必然要先得到函数地址，RegisterNatives 定义在 libart.so 中。可以通过枚举符号来获取地址，在之前的章节中有详细介绍，这里不再赘述，代码

如下：

```
var RegisterNativesAddr = null;
var _symbols = Process.findModuleByName("libart.so").enumerateSymbols();
for (var i = 0; i < _symbols.length; i++) {
    var _symbol = _symbols[i];
    if (_symbol.name.indexOf("CheckJNI") == -1 &&
_symbol.name.indexOf("RegisterNatives") != -1) {
        RegisterNativesAddr = _symbols[i].address;
    }
}
console.log(RegisterNativesAddr);
// 0x7da0a0a158
```

再来查看 RegisterNatives 和 JNINativeMethod 在 jni.h 中的声明：

```
jint   (* RegisterNatives)(JNIEnv*, jclass, const JNINativeMethod*, jint);
typedef struct {
    const char* name;
    const char* signature;
    void*       fnPtr;
} JNINativeMethod;
```

RegisterNatives 有 4 个参数，第 0 个参数是 JNIEnv *，第 1 个参数表示注册的函数是哪个类的，第 2 个参数是 JNINativeMethod 结构体地址，第 3 个参数是动态注册的函数个数。实现 Hook 的代码如下：

```
Interceptor.attach(RegisterNativesAddr, {
    onEnter: function (args) {
        var env = Java.vm.tryGetEnv();
        //主动调用 jni 函数,通过第 1 个参数获取注册函数所属类名
        var className = env.getClassName(args[1]);
        //通过第 3 个参数获取注册函数个数
        var methodCount = args[3].toInt32();
        // JNINativeMethod 结构体中存放着 3 个指针变量的地址
        //偏移 0 个指针长度,readPointer 得到字符串地址,readCString 得到函数名
        var methodName = args[2].readPointer().readCString();
        //偏移 1 个指针长度,readPointer 得到字符串地址,readCString 得到函数签名
```

```
    var signature =args[2].add(Process.pointerSize).readPointer().readCString();
    //偏移两个指针长度,readPointer 得到真实函数地址
    var fnPtr =args[2].add(Process.pointerSize * 2).readPointer();
    //通过函数地址获取对应模块
    var module =Process.findModuleByAddress(fnPtr);
    //输出类名、函数名、函数签名、函数地址、模块名、函数偏移地址
    console.log(className, methodName, signature, fnPtr, module.name,
fnPtr.sub(module.base));
    }, onLeave: function (retval) {
    }
});
// com.xiaojianbang.ndk.NativeHelper encode ()Ljava/lang/String; 0x7d91113b4c
libxiaojianbang.so 0x1b4c
```

以上只考虑了注册一个函数的情况，实际注册多个函数时，JNINativeMethod 是一个结构体数组。数组成员的个数就是注册函数的个数。每个成员占 3 个指针长度。因此，上述代码还需要加一个循环，每循环一次，再偏移 3 个指针长度。最终代码如下：

```
var RegisterNativesAddr =null;
var _symbols =Process.findModuleByName("libart.so").enumerateSymbols();
for (var i =0; i < _symbols.length; i ++) {
    var _symbol = _symbols[i];
    if (_symbol.name.indexOf("CheckJNI") == -1 &&
_symbol.name.indexOf("RegisterNatives") != -1) {
        RegisterNativesAddr = _symbols[i].address;
    }
}


Interceptor.attach(RegisterNativesAddr, {
  onEnter: function (args) {
    var env =Java.vm.tryGetEnv();
    var className =env.getClassName(args[1]);
    var methodCount =args[3].toInt32();

    for (let i =0; i < methodCount; i ++) {
```

```
            var methodName = args[2].add(Process .pointerSize * 3 * i)
                                    .readPointer().readCString();
            var signature = args[2].add(Process.pointerSize * 3 * i)
                            .add(Process.pointerSize).readPointer().readCString();
            var fnPtr = args[2].add(Process.pointerSize * 3 * i)
                            .add(Process.pointerSize * 2).readPointer();
            var module = Process.findModuleByAddress(fnPtr);
            console.log(className, methodName, signature, fnPtr, module.name,
fnPtr.sub(module.base));
        }
    }, onLeave: function (retval) {
    }
});
```

6.4 ollvm 混淆应用协议分析实战

本节中将会通过一个实战案例讲解 ollvm 混淆应用的协议该如何分析。首先会介绍一个强大的工具 jnitrace，接着会把该工具应用在实战案例中。当然，本节中介绍的内容只是一部分，有兴趣深入的读者可以多去了解一下 jnitrace 这一工具。

6.4.1 jnitrace 工具的使用

在 so 文件中 JNI 函数的使用频率是非常高的。比如 Java 层的字符串到 so 层需要先使用 GetStringUTFChars 来转成 C 语言字符串。加密后的结果如果要转成 jstring，又需要用到 NewStringUTF。通过 Hook 这些 JNI 函数，可以定位关键代码，也可以大体上了解函数的代码逻辑。而 jnitrace 就是 Hook 一系列 JNI 函数的工具。

jnitrace 的安装方法很简单，pip install jnitrace 即可。同时，还需要依赖一些其他的库，以下是本书使用的各种库的版本：

```
jnitrace (3.2.2)
colorama (0.4.4)
hexdump (3.3)
```

```
frida > =14.0.5 (14.2.18)
setuptools (57.0.0)
Android 系统 10.0
```

jnitrace 的 GitHub 项目地址是 https://github.com/chameleon/jnitrace，详细介绍了使用方法。比如 jnitrace -m attach -l libencrypt.so com.xxxx.xxxx.android。

- com.xxxx.xxxx.android 是要跟踪的应用包名，该应用必须已经安装在设备上。
- -l libencrypt.so 用于指定要跟踪的库。此参数可多次使用或 * 可用于跟踪所有库，如-l libnative-lib.so -l libanother-lib.so 或-l *。

以上两个参数是运行 jnitrace 必需的，默认会重启应用，从启动时就进行跟踪，输出的信息会很多。一般会加上-m attach 以附加方式进行，不重启应用，从感兴趣的地方开始跟踪。

6.4.2 实战：某 App 应用程序协议分析

以某 App 应用程序登录为例，打开应用后，切换到登录界面，输入相应信息。

接着在命令行终端中，运行 jnitrace -m attach -l * com.xxxx.android。再单击"登录"按钮，得到一系列输出如下：

```
        /* TID 14174 */
6137 ms [ + ] JNIEnv->NewStringUTF

6137 ms |- JNIEnv*            : 0xe8789140

6137 ms |- char*             : 0xb7221870

6137 ms |:     MIGfMA0GCSqGSIb3DQEBAQU......VawIDAQAB

6137 ms |= jstring            : 0x79

6137 ms --------------------------------Backtrace--------------------------------

6137 ms |-> 0xb72180df: Java_com_xxxx_PDuxkguhSq + 0x1a

(liblogin_encrypt.so:0xb7214000)
```

上述输出内容中，显示了被 Hook 的函数名、参数和返回值，C 语言的数据类型会显示对应内存中的数据，Java 的数据类型不作显示。还打印了函数栈信息，Backtrace 中显示了上层函数地址、上层函数名、当前函数相对上层函数的偏移量、模块名、模块基址。而且从第 1 个参数输出的内容中，可以看出这是 RSA 算法的公钥。

再来看一些其他的关键输出。

```
        /* TID 14174 */
7374 ms [ + ] JNIEnv->CallObjectMethod
7374 ms |- JNIEnv*           : 0xe8789140
7374 ms |- jobject           : 0xa9     { javax/crypto/Cipher }
7374 ms |- jmethodID         : 0x70ff47cc    { doFinal([BII)[B }
7374 ms |: jbyteArray        : 0x125
7374 ms |: jint              : 0
7374 ms |: jint              : 11
7374 ms |= jobject           : 0xf9
7374 ms -------------------------------Backtrace-------------------------------
7374 ms |-> 0xb7215da5: liblogin_encrypt.so! 0x1da5 (liblogin_encrypt.
so:0xb7214000)
    ...
        /* TID 14174 */
8478 ms [ + ] JNIEnv->CallObjectMethod
8478 ms |- JNIEnv*           : 0xe8789140
8478 ms |- jobject            : 0xa5    { javax/crypto/Cipher }
8478 ms |- jmethodID         : 0x70ff47cc    { doFinal([BII)[B }
8478 ms |: jbyteArray         : 0x125
8478 ms |: jint              : 0
8478 ms |: jint              : 9
8478 ms |= jobject            : 0xf5
8478 ms -------------------------------Backtrace-------------------------------
8478 ms |-> 0xb7215da5: liblogin_encrypt.so! 0x1da5 (liblogin_encrypt.so:
0xb7214000)
```

从上述输出中可以看出，调用了 Java 的 Cipher 类的 doFinal 方法。熟悉 Java 加密库的应该知道，这里就是加密明文的地方了。而最关键的参数 jbyteArray 只显示了 0x125，并没有转成 C 语言类型输出。

由此可见，工具不是万能的，需要对工具的原理熟知，这样才能在工具处理不了的地方，自己另外处理一下。比如在上述案例中，可以自己有针对性地 Hook 这个 JNI 函数，将相应参数转换成 C 语言类型，并打印数据。当然也可以直接 Hook 对应的 Java 函数来获取参数和结果。对于这个案例，可以直接使用之前章节中介绍的算法"自吐"脚本来得到相应结果。

综上所述，该 App 应用程序采用在 so 文件中通过 JNI 函数来调用 Java 加密库的方式进行数据加密。对于这个案例，如果不使用 jnitrace，而是按常规方法分析，那么首先要确定关键加密函数在哪个 so 文件中，其次这个 so 文件是有混淆的，如图 6-4 所示。可见 jnitrace 极大地简化了逆向分析的工作量。

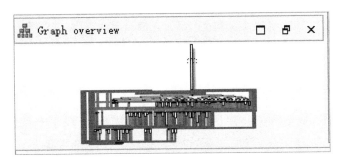

● 图 6-4　被混淆 so 文件的代码流程图

小　　结

　　本章深入 JNI 函数，具体讲解了如何对系统函数进行 Hook 及快速定位，通过本章节的学习，读者将会对 so 层 Hook 有更加深入的了解。另外，熟练掌握常用工具也是逆向开发者的基本功，除了本章学习的内容之外，希望读者对 jnitrace 多做了解，多将其应用于实战中。

第7章　Frida框架so层进阶应用

本章专注于 Frida 框架在 so 层的进阶应用，包括 Frida 操作内存数据、Frida 常用 API 和 Frida 进阶 Hook 等。不过，本章的学习是建立在之前的章节，尤其是读者已经完全掌握 so 层的知识的情况下的，经过本章节的学习，Frida 的使用才会更上一层楼。

7.1　Frida 操作内存数据

在进行 Android 应用的协议分析时，内容中的数据是至关重要的。在本节中将会讲解Frida框架如何操作内存数据，包括内存读写、修改 so 函数代码、从内容中导出 so 函数、ollvm 字符串解密、构造二级指针和读写文件。

7.1.1　内存读写

通过对内存的操作，可以读取和修改字符串等数据，向内存写入新数据，修改内存权限，甚至还可以修改函数代码。

1. 修改内存权限

内存页是分权限的，权限通常用 rwx 来表示，r 代表可读，w 代表可写，x 代表可执行。比如某一块内存区域权限为 r-x，则代表这块内存区域可读、不可写、可执行。如果对一块权限为不可写的内存执行写入操作，就会出现类似 access violation 的错误提示，表示非法访问。

计算出指定内存地址后，在操作之前可以先使用 Memory 的 protect 方法来修改对应内存区域的权限。查看在源码中的声明：

```
type PageProtection = string;
declare namespace Memory {
    function protect(address: NativePointerValue, size: number | UInt64,
protection:
```

```
PageProtection): boolean;
    ...
}
```

Memory 的 protect 方法需要传入 3 个参数，第 0 个参数是指定内存地址，第 1 个参数是需要修改的内存大小，第 2 个参数是 string 类型的所需内存权限。代码如下：

```
var soAddr =Module.findBaseAddress("libxiaojianbang.so");
Memory.protect(soAddr.add(0x3DED), 16, 'rwx');
```

由于内存是分页管理的，所以该函数也是按页修改内存权限。也就是说，即使传入的大小是 16，该函数修改的依然是一个内存页的权限。内存页的大小可以使用 Process .pageSize 来获取。

2．读取指定地址的字符串

计算出指定字符串地址后，可以使用 NativePointer 的 readCString 方法来读取字符串，该方法很常用。代码如下：

```
var soAddr =Module.findBaseAddress("libxiaojianbang.so");
console.log(soAddr.add(0x3DED).readCString());
// com/xiaojianbang/ndk/NativeHelper
```

3．导出指定地址的内存数据

计算出指定内存地址后，可以使用 hexdump 函数，从该地址往后，显示一段 hex 编码后的内存数据，该函数很常用。代码如下：

```
var soAddr =Module.findBaseAddress("libxiaojianbang.so");
console.log(hexdump(soAddr.add(0x3DED)));
/*
    795b345ded  63 6f 6d 2f 78 69 61 6f 6a 69 61 6e 62 61 6e 67  com/xiaojianbang
    795b345dfd  2f 6e 64 6b 2f 4e 61 74 69 76 65 48 65 6c 70 65  /ndk/NativeHelpe
    795b345e0d  72 00 65 6e 63 6f 64 65 00 28 29 4c 6a 61 76 61  r.encode.()Ljava
* /
```

4．读取指定地址的内存数据

计算出指定内存地址后，可以使用 NativePointer 的 readByteArray 方法读取一段内存数据，该方法很常用，如 Frida 导出 so 文件的基本原理就是从 so 文件基址开始，读取整个 so 文件大小的数据，然后写文件保存。如果要从指定地址开始，读取 16 字节的内存数据，代码如下：

```
var soAddr =Module.findBaseAddress("libxiaojianbang.so");
console.log(soAddr.add(0x3DED).readByteArray(16));
```

```
/*
   00000000   63 6f 6d 2f 78 69 61 6f 6a 69 61 6e 62 61 6e 67   com/xiaojianbang
*/
```

5. 写入数据到指定内存地址

计算出指定内存地址后，可以使用 NativePointer 的 writeByteArray 方法，从该地址开始往后写入数据。查看源码中的声明：

```
declare class NativePointer {
    writeByteArray(value: ArrayBuffer | number[]): NativePointer;
}
```

NativePointer 的 writeByteArray 方法接收一个参数，ArrayBuffer 或者是数值数组，其实就是字节数组，也就是想要写入的字节数据。为了操作数据方便，需要先写几个工具函数，代码如下：

```
//将字符串转为字节数组
function stringToBytes(str){
    return hexToBytes(stringToHex(str));
}
//将字符串进行 hex 编码
function stringToHex(str) {
    return str.split("").map(function(c) {
        return ("0" + c.charCodeAt(0).toString(16)).slice(-2);
    }).join("");
}
//将 hex 编码的数据转为字节数组
function hexToBytes(hex) {
    for (var bytes =[], c =0; c < hex.length; c += 2)
        bytes.push(parseInt(hex.substr(c, 2), 16));
    return bytes;
}
//将 hex 编码的数据转为字符串
function hexToString(hexStr) {
    var hex =hexStr.toString();
    var str = '';
    for (var i =0; i < hex.length; i += 2)
        str += String.fromCharCode(parseInt(hex.substr(i, 2), 16));
    return str;
}
```

计算出指定内存地址后，向该地址写入字符串 xiaojianbang，代码如下：

```
var soAddr = Module.findBaseAddress("libxiaojianbang.so");
var tmpAddr = soAddr.add(0x3DED);
Memory.protect(tmpAddr, 16, 'rwx');
console.log(hexdump( tmpAddr.writeByteArray(stringToBytes("xiaojianbang\0")) ));
/*
    795b345ded  78 69 61 6f 6a 69 61 6e 62 61 6e 67 00 64 65 66   xiaojianbang.def
*/
```

计算出指定内存地址后，向该地址写入一段数据，要求将这段数据 hex 编码后的结果必须是 0123456789abcdeffedcba9876543210，代码如下：

```
var soAddr = Module.findBaseAddress("libxiaojianbang.so");
var tmpAddr = soAddr.add(0x3DED);
Memory.protect(tmpAddr, 16, 'rwx');
console.log(hexdump( tmpAddr.writeByteArray(hexToBytes("0123456789abcdeff-
edcba9876543210"))));
/*
    795b345ded  01 23 45 67 89 ab cd ef fe dc ba 98 76 54 32 10   .#Eg........vT2.
*/
```

6. 分配内存

在逆向分析中，有时需要去主动调用一些 so 层的函数。这时需要自己构建新数据来传递给参数。通常不能直接写，要先分配内存，再写入数据。可以使用 Memory 中的 alloc 函数来分配内存。查看源码中的声明：

```
declare namespace Memory {
    function alloc(size: number | UInt64, options?: MemoryAllocOptions): Na-
tivePointer;
    function allocUtf8String(str: string): NativePointer;
}
```

Memory 中的 alloc 函数会在 Frida 私有堆上分配指定大小的内存，返回 NativePointer 类型的首地址。接着用 NativePointer 类的 writeByteArray 方法写入内存即可。代码如下：

```
var addr = Memory.alloc(8);
addr.writeByteArray(hexToBytes("eeeeeeeeeeeeeeee"));
console.log(addr.readByteArray(8));
/*
    00000000  ee ee ee ee ee ee ee ee                            ........
*/
```

如果需要写入的数据是字符串，则可以使用 Memory 中的 allocUtf8String 函数。在 Frida 私有堆上，将 str 作为 UTF-8 字符串进行分配、编码和写出（可以是中文），数据以字节 0 结尾。代码如下：

```
var addr = Memory.allocUtf8String("小肩膀 8888");
console.log(addr.readByteArray(16));
/*
    00000000   e5 b0 8f e8 82 a9 e8 86 80 38 38 38 38 00 00 00   .........8888...
*/
```

7.1.2　Frida 修改 so 函数代码

以 libxiaojianbang.so 中的 Java_com_xiaojianbang_ndk_NativeHelper_add 函数为例，该函数在 so 文件中的偏移地址为 0x1ACC，传入的 5 个实参分别为 JNIEnv *、jclass、5、6、7，返回结果为 18。从函数首地址开始读取 16 个字节的数据，代码如下：

```
var funcAddr = Module.findBaseAddress("libxiaojianbang.so").add(0x1ACC);
var opcodes = funcAddr.readByteArray(16);
console.log(opcodes);
/*
    00000000   ff 83 00 d1 e0 0f 00 f9 e1 0b 00 f9 e2 0f 00 b9   ................
*/
```

从上述输出结果中，可以看出这 16 个字节的数据，与 IDA 汇编界面显示的 opcode 一致，如图 7-1 所示。

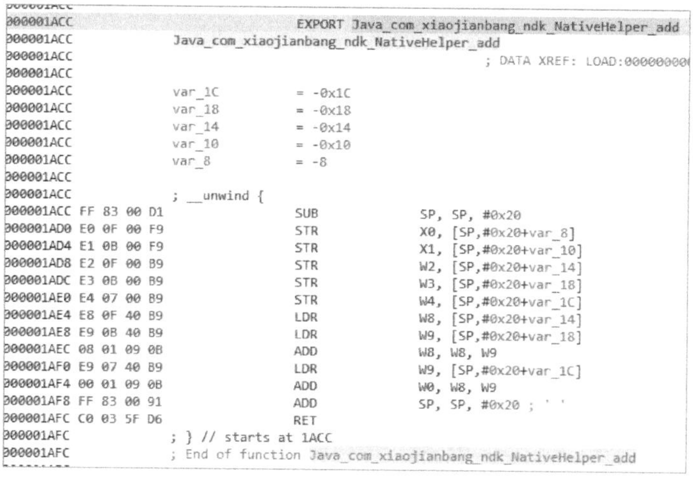

• 图 7-1　add 函数的汇编代码

还可以使用 Instruction 的 parse 方法将这 16 字节转为汇编代码。该方法就一个参数，传入 NativePointer 类型的地址就可以将该地址处的一条指令解析成汇编代码，代码如下：

```
var funcAddr =Module.findBaseAddress("libxiaojianbang.so").add(0x1ACC);
var asm = Instruction.parse(funcAddr);
console.log(asm);
for (var i =0; i < 3; i ++) {
    asm = Instruction.parse(asm.next);
    console.log(asm);
}
/*
    sub sp, sp, #0x20
    str x0, [sp, #0x18]
    str x1, [sp, #0x10]
    str w2, [sp, #0xc]
* /
```

从上述输出结果中可以看出，得到的汇编代码也与 IDA 反汇编代码一致。由此可知，函数代码其实也是内存中的一段数据而已。如果修改了内存中对应的 opcode，就能改变函数的运行逻辑，改变判断的跳转，修补（patch）某些检测函数等。也就是说，对于 so 层函数代码的修改可以精确到某一条指令。

1. 通过修改内存中的 opcode 来修改函数代码

如果要将偏移地址 0x1AF4 处的 ADD w0, w8, w9 修改为 SUB w0, w8, w9，只需将从该地址开始的 4 个字节的内存数据 00 01 09 0B 改为 00 01 09 4B 即可。opcode 与 arm 汇编的转换可以在 https：//armconverter.com/这个网站上进行。

具体实现代码如下：

```
var soAddr =Module.findBaseAddress("libxiaojianbang.so");
soAddr.add(0x1AF4).writeByteArray(hexToBytes("0001094B"));
console.log(Instruction.parse(soAddr.add(0x1AF4)));
// sub w0, w8, w9
```

如果修改时提示非法访问，可以尝试先使用 Memory.protect 修改内存权限。当对应函数被触发后，返回的结果为 4，修改成功。来简单分析一下这个函数的汇编代码，具体如下：

```
//通常是进入函数的第一步,提升函数栈空间,需要16字节对齐
SUB  SP, SP, #0x20
//也是ARM汇编进入函数的基本操作,保存寄存器中的参数到栈中
//内存中的数据CPU无法直接运算,会使用str/ldr来操作数据
// str用于将寄存器中的值保存到内存中,ldr用于将内存中的值加载到寄存器中
// x0、x1对应实参JNIEnv*、jclass,因为是指针,所以用64位寄存器
// w2、w3、w4分别对应实战5、6、7,源码中定义的类型是int,所以用32位寄存器
STR  X0, [SP,#0x20+var_8]
STR  X1, [SP,#0x20+var_10]
STR  W2, [SP,#0x20+var_14]
STR  W3, [SP,#0x20+var_18]
STR  W4, [SP,#0x20+var_1C]
// var_14中的值加载到w8中,var_14之前保存了w2的值5,这一句相当于w8=5
LDR  W8, [SP,#0x20+var_14]
// var_18中的值加载到w9中,var_18之前保存了w3的值6,这一句相当于w9=6
LDR  W9, [SP,#0x20+var_18]
// w8=w8 + w9   =>   w8=11
ADD  W8, W8, W9
// var_1C中的值加载到w9中,var_1C之前保存了w4的值7,这一句相当于w9=7
LDR  W9, [SP,#0x20+var_1C]
// w0=w8 + w9   =>   w0=11 + 7   =>   w0=18
// arm64中,函数返回值存放于w0/x0
ADD  W0, W8, W9
//释放栈空间
ADD  SP, SP, #0x20
//相当于bl  lr,返回
RET
```

由此可知，将ADD W0, W8, W9改为SUB W0, W8, W9后，w0=11 - 7，所以最终结果变为4。使用这种方式来修改函数代码，需要自己进行汇编代码到opcode的转换。

2. 使用Frida提供的API来写汇编代码

以libxiaojianbang.so中的Java_com_xiaojianbang_ndk_NativeHelper_add函数为例，如果要将偏移地址0x1AEC处的指令改为nop，实现的代码如下：

```
var soAddr =Module.findBaseAddress("libxiaojianbang.so");
new Arm64Writer(soAddr.add(0x1AEC)).putNop();
```

```
console.log(Instruction.parse(soAddr.add(0x1AEC)).toString());
// nop
```

当对应函数触发后，返回的结果为 -2。再来简单分析一下汇编代码，只贴出部分汇编，具体如下：

```
...
STR   W2,[SP,#0x20 +var_14]
STR   W3,[SP,#0x20 +var_18]
STR   W4,[SP,#0x20 +var_1C]
// var_14 中的值加载到 w8 中, var_14 之前保存了 w2 的值 5, 这一句相当于 w8 =5
LDR   W8,[SP,#0x20 +var_14]
LDR   W9,[SP,#0x20 +var_18]
NOP
// var_1C 中的值加载到 w9 中, var_1C 之前保存了 w4 的值 7, 这一句相当于 w9 =7
LDR   W9,[SP,#0x20 +var_1C]
//之前修改的在 app 重启之前都生效。w0 =w8 - w9   =>   w0 =5 - 7   =>   w0 = -2
SUB   W0, W8, W9
...
```

还可以使用 Memory 的 patchCode 方法来修改函数代码，第 0 个参数是修改的起始地址，第 1 个参数是修改的字节数，第 2 个参数是回调函数，当执行到起始地址时，会调用回调函数。如果要将偏移地址 0x1AF4 处的 ADD w0，w8，w9 修改为 SUB w0，w8，w9，实现修改的代码如下：

```
var codeAddr =Module.findBaseAddress("libxiaojianbang.so").add(0x1AF4);
Memory.patchCode(codeAddr, 4, function (code) {
    var writer =new Arm64Writer(code, { pc: codeAddr });
    writer.putBytes(hexToBytes("0001094B"));   //sub w0, w8, w9
    writer.flush();
});
```

putBytes 用于将字节数组、ArrayBuffer 等类型数据写入内存中。在完成代码生成后，需要调用 flush 函数。将 App 应用程序重新打开一下，再注入代码。当对应函数触发后，函数结果变为 4。

Frida 在进行 so 层 Hook 时，需要修改函数的前 16 个字节，这也是函数被 Hook 的检测点之一。可以通过打印 Hook 前后的函数首地址上的内存数据来验证，具体代码如下：

```
function hook_func() {
    var soAddr = Module.findBaseAddress("libxiaojianbang.so");
    var MD5Final = soAddr.add(0x3A78);
    console.log(hexdump(MD5Final.readByteArray(20)));
    Interceptor.attach(MD5Final, {
        onEnter: function (args) {
            console.log(hexdump(MD5Final.readByteArray(20)));
        }, onLeave: function (retval) {
        }
    });
}
hook_func();
/*
    00000000  ff 43 01 d1 fd 7b 04 a9 fd 03 01 91 48 d0 3b d5   .C...{......H.;.
    00000010  08 15 40 f9                                       ..@.

    00000000  50 00 0058 00 02 1f d6 00 96 33 3e 74 00 00 00   P..X......3>t...
    00000010  08 15 40 f9                                       ..@.
*/
```

7.1.3 Frida 从内存中导出 so 函数

本小节会讲解 Frida 框架如何从内存中导出 so 函数。某些 App 应用程序会对 so 文件进行加固，或者对 so 函数中的字符串进行加密。而加载到内存中的 so 函数，一般是解密状态，这时就可以使用之前小节中介绍的内存读写方法，将 so 函数从内存中保存下来。

实现导出 so 函数的代码如下：

```
function dump_so(so_name) {
    Java.perform(function () {
        var module = Process.getModuleByName(so_name);
        console.log("[name]:", module.name);
        console.log("[base]:", module.base);
        console.log("[size]:", module.size);
```

```
        console.log("[path]:", module.path);
        var currentApplication = Java.use("android.app.ActivityThread").
currentApplication();
        var dir = currentApplication.getApplicationContext().getFilesDir().
getPath();
        var path = dir + "/" + module.name + "_" + module.base + "_" + module.
size + ".so";
        var file = new File(path, "wb");
        if (file) {
            Memory.protect(module.base, module.size, 'rwx');
            var buffer = module.base.readByteArray(module.size);
            file.write(buffer);
            file.flush();
            file.close();
            console.log("[dump]:", path);
        }
    });
}
dump_so("libxiaojianbang.so");
/*
    [name]: libxiaojianbang.so
    [base]: 0x74c6c39000
    [size]: 28672
    [path]: /data/app/com.xiaojianbang.app-Kykbukopl-edrrBKaPhfyg = =/lib/
arm64/libxiaojianbang.so
    [dump]: /data/user/0/com.xiaojianbang.app/files/libxiaojianbang.so_0x74c6c-
39000_28672.so
*/
```

通过传入的模块名，找到对应的 Module，得到模块基址、模块大小等必要信息。然后生成保存路径，该路径最好是 App 应用程序本身的私有目录，防止因为权限问题而保存失败。接着使用 Memory.protect 修改内存权限，再使用 NativePointer 的 read-ByteArray 方法读取整个 so 文件对应的内存数据。最后使用 frida 写文件的 API 将文件写出。

7.1.4 ollvm 字符串解密

本小节中会讲解 ollvm 字符串的解密，以 6.4.2 小节的案例为例，将 liblogin_encrypt.so 拖入 IDA 中反编译，选择某一函数 F5 之后的伪 C 代码如图 7-2 所示。New-StringUTF 的第 1 个参数，FindClass 的第 1 个参数，GetStaticMethodID 第 2 个参数和第 3 个参数均应是字符串。随便选择一个跳转过去，如图 7-3 所示，0xD060 处并没有看到相关的 Java 类名。很显然，字符串被加密了。

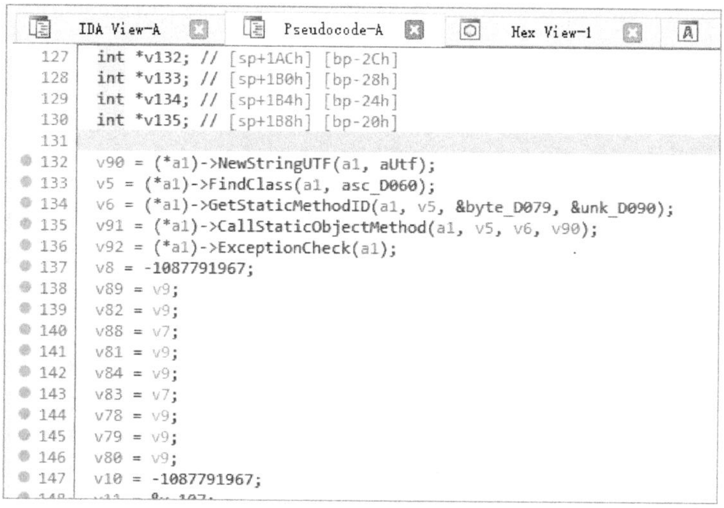

● 图 7-2　liblogin_encrypt.so 中的某函数

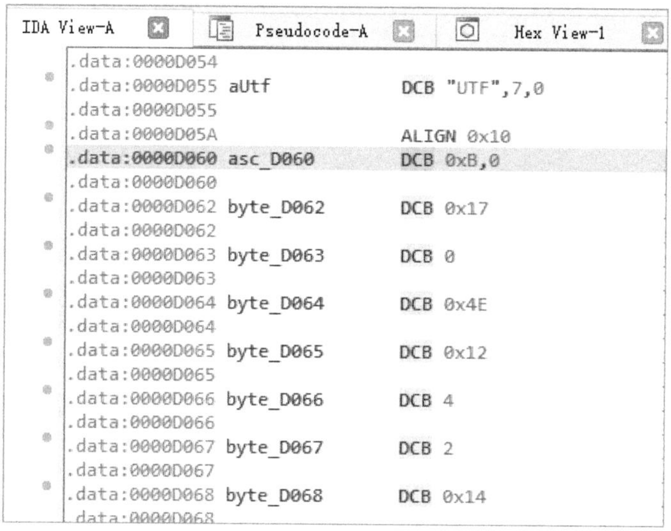

● 图 7-3　so 函数中被加密的字符串

要想看到解密后的字符串，有很多种方式，本小节介绍三种方式。

1. 直接打印内存中的字符串

以偏移地址 0xD060 为例，打印字符串的代码如下：

```
var soAddr = Module.findBaseAddress("liblogin_encrypt.so");
console.log(soAddr.add(0xD060).readCString());
// java/security/KeyFactory
```

可以看到内存中的字符串是解密状态，这种方式比较烦琐。

2. 使用 jnitrace

在 6.4.1 小节中介绍过 jnitrace 的用法，并在 6.4.2 小节实际应用到了案例中。jnitrace 的输出中，如果是 C 语言类型，都会打印内存中的数据。因此，在 so 层使用到的这些字符串都会被打印出来。这种方式的缺点是只能查看 JNI 相关函数。

3. 从内存中导出整个 so 文件

既然内存中的字符串是解密状态，那么将整个 so 文件从内存中保存下来即可。可以利用Frida导出 so 文件。直接从内存中保存下来的 so 文件放到 IDA 中逆向分析是会报错的，需要修复。so 文件的修复与 Frida 无关，本书不做介绍。修复后的 so 文件如图 7-4 所示，可以看出对应偏移地址处的字符串都已经变成明文。这种方式一般对加固的 so 文件也有效。

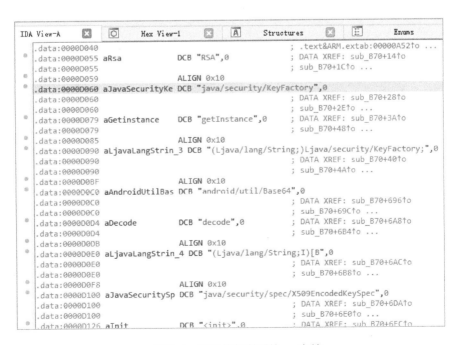

● 图 7-4 导出修复以后的 so 文件

7.1.5　构造二级指针

如果要主动调用一个 so 层函数，而这个函数的参数是一个二级指针，那么构造实参时，需要注意层级结构。以 libxiaojianbang.so 中的 xiugaiStr 函数为例，先贴出测试 App 应用程序 HookDemo.apk 中的相关代码。

MainActivity.java 中的代码如下：

```
...
public class MainActivity extends AppCompatActivity implements View.On-
ClickListener {
    ...
    @Override
    protected void onCreate(Bundle savedInstanceState) {
        ...
        Button ENCODE = findViewById(R.id.ENCODE);
        ENCODE.setOnClickListener(this);
    }
    @Override
    public void onClick(View v) {
        try {
            switch (v.getId()) {
                ...
                case R.id.ENCODE:
                    logOutPut("ENCODE: " + NativeHelper.encode());
                    break;
            }
        } catch (Exception e) {
            e.printStackTrace();
        }
    }
    ...
    public static void logOutPut(String message) {
        Log.d("xiaojianbang", message);
    }
}
```

由此可知，当 ENCODE 按钮被单击时，会去调用 NativeHelper 的 encode 方法。
NativeHelper 类的代码如下：

```
...
public class NativeHelper {
    static {
        System.loadLibrary("xiaojianbang");
    }
    public native static int add(int a, int b, int c);
    public native static String encode();
    public native static String md5(String str);
}
```

由此可知，encode 方法是 native 函数，来自 libxiaojianbang.so。将对应 so 文件拖
入 IDA64 中，发现 JNI 静态注册的函数中没有与 encode 相关的。进入 JNI_OnLoad 函
数，找到 JNIEnv 的 RegisterNatives 方法。从图 7-5 可知，传入的第 2 个实参 &v5 就是
JNINativeMethod * 类型，所以 v5 就是 JNINativeMethod 结构体。而 v5 = * off_5C58，所
以 off_5C58 指向的就是 JNIN ativeMethod 结构体所在地址。RegisterNatives 方法和 JNI-
NativeMethod 结构体在 jni.h 中的声明如下：

```
jint RegisterNatives(jclass clazz, const JNINativeMethod* methods, jint
nMethods)
typedef struct {
    const char*   name;
    const char*   signature;
    void*         fnPtr;
} JNINativeMethod;
```

```
┌─────────────────────────────────────────────────────────────────────────────────┐
│  📋 IDA View-A  ☒    📋 Pseudocode-A  ☒   ⊙ Hex View-1  ☒   A Structures  ☒        │
│    1 │ __int64 __fastcall NativeHelper::registerNativeMethod(NativeHelper *this, _JNIEnv *a2) │
│    2 │{                                                                             │
│    3 │  __int64 Class; // x0                                                        │
│    4 │  __int128 v5; // [xsp+20h] [xbp-20h] BYREF                                   │
│    5 │  __int64 (__fastcall *v6)(_JNIEnv *); // [xsp+30h] [xbp-10h]                 │
│    6 │  __int64 v7; // [xsp+38h] [xbp-8h]                                           │
│    7 │                                                                              │
│  ● 8 │  v7 = *(_QWORD *)(_ReadStatusReg(ARM64_SYSREG(3, 3, 13, 0, 2)) + 40);        │
│  ● 9 │  Class = _JNIEnv::FindClass((_JNIEnv *)this, "com/xiaojianbang/ndk/NativeHelper"); │
│  ● 10│  v6 = _strcat;                                                               │
│  ● 11│  v5 = *(_QWORD *)off_5C58;                                                    │
│  ● 12│  return _JNIEnv::RegisterNatives(this, Class, &v5, 1LL);                      │
│  ● 13│}                                                                             │
└─────────────────────────────────────────────────────────────────────────────────┘
```

● 图 7-5　JNI 函数动态注册

跳转到偏移地址 0x5C58 处，由图 7-6 可知，Java 层的 encode 方法绑定的 so 层函数为 _Z7_strcatP7_JNIEnvP7_jclass。跳转到对应函数，F5 反编译成为 C 代码后如图 7-7 所示。该函数中的 xiugaiStr 传入的实参为 &v3，而 v3 为 char * 类型。一级指针取地址就是二级指针。

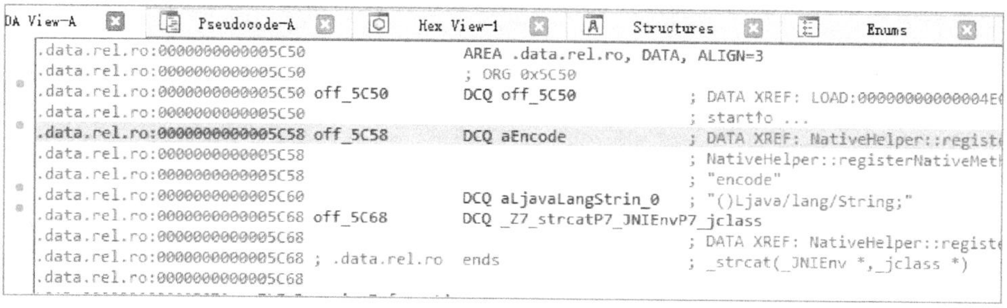

• 图 7-6　encode 函数对应的 so 层函数

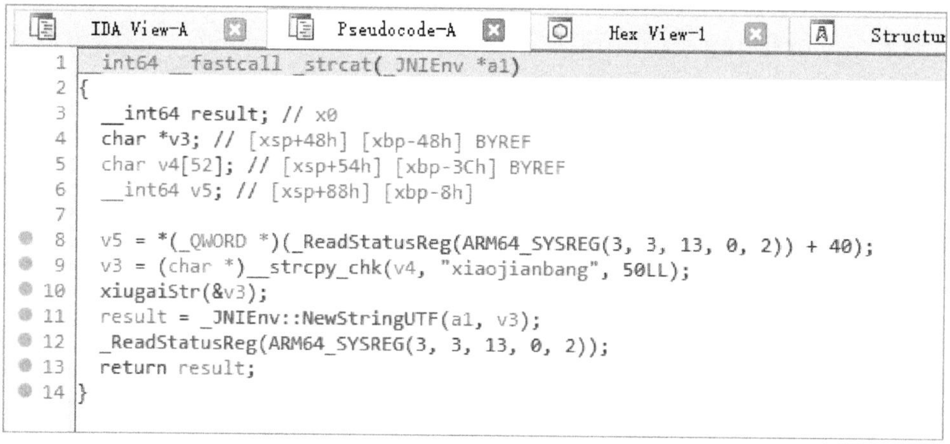

• 图 7-7　so 文件中的_strcat 函数

xiugaiStr 函数在 so 文件中的偏移地址为 0x1B00，主动调用这个函数，需要先得到函数地址，然后用 new NativeFunction 声明函数指针，代码如下：

```
var xiugaiStrAddr =Module.findBaseAddress("libxiaojianbang.so").add(0x1B00);
var  xiugaiStr =new NativeFunction(xiugaiStrAddr, 'int64', ['pointer']);
```

接着就要构建实参，使用 Memory 的 allocUtf8String 方法构建一个字符串，也就是得到 char * 类型，返回的地址保存在 strAddr 中，代码如下：

```
var strAddr =Memory.allocUtf8String("dajianbang");
console.log(hexdump(strAddr));
```

```
/*
    7d95814930   64 61 6a 69 61 6e 62 61 6e 67 00 98 7d 00 00 00   dajianbang..}...
*/
```

将 strAddr 存入到指针变量中，就构建出二级指针了。代码如下：

```
var finalAddr = Memory.alloc(8).writePointer(strAddr);
console.log(hexdump(finalAddr));
/*
    7d95142920   30 49 81 95 7d 00 00 00 22 6c 6f 67 22 2c 22 6c   0I..}..."log","l
*/
```

最后调用函数，传入二级指针的地址即可。代码如下：

```
xiugaiStr(finalAddr);
console.log(hexdump(strAddr));
/*
    7d9582dfe0   64 61 6a 69 61 6e 62 61 6e 67 20 51 51 32 34 33   dajianbang QQ243
    7d9582dff0   35 38 37 35 37 00 00 00 03 04 00 00 00 00 00 00   58757...........
*/
```

xiugaiStr 会在函数内修改原来的 strAddr 处的字符串，也就是把参数当返回值用。

7.1.6　读写文件

在之前的章节中，介绍过使用 Frida API 写文件。Frida 没有提供读入文件的 API，相对来说读入文件的需求比较少，写出文件的需求比较多。在学习了本章的内容以后，就可以自己去主动调用 libc.so 中的相关函数，进行文件的读写。

先来讲解一下写出文件的方法，可以使用 fopen 打开文件，fputs 写入数据，fclose 关闭文件。想要主动调用 so 文件中的函数，需要先找到函数地址。具体实现代码如下：

```
var fopenAddr = Module.findExportByName("libc.so", "fopen");
var fputsAddr = Module.findExportByName("libc.so", "fputs");
var fcloseAddr = Module.findExportByName("libc.so", "fclose");
```

接着使用 new NativeFunction 来声明函数指针。具体实现代码如下：

```
// FILE * fopen(const char * filename, const char * mode)
// int fputs(const char * str, FILE * stream)
```

```
// int fclose(FILE * stream)
var fopen = new NativeFunction(fopenAddr, "pointer", ["pointer", "pointer"]);
var fputs = new NativeFunction(fputsAddr, "int", ["pointer", "pointer"]);
var fclose = new NativeFunction(fcloseAddr, "int", ["pointer"]);
```

最后按原来的语法调用函数即可。写出到 App 应用程序的私有目录不需要申请权限，其他目录需要 App 应用程序具有相应权限才能成功。具体实现代码如下：

```
var fileName = Memory.allocUtf8String("/data/data/com.xiaojianbang.app/
xiaojianbang.txt");
var openMode = Memory.allocUtf8String("w");
var buffer = Memory.allocUtf8String("QQ24358757");


var file = fopen(filename, open_mode);
fputs(buffer, file);
fclose(file);
```

fopen 和 fputs 接收的都是 pointer 参数，不能将 JS 的字符串直接传递过去，需要使用 Memory 的 allocUtf8String 在内存中构建相应字符串后，再传递地址。

还可以主动调用 libc.so 中的 fgets 函数来读取文件。同样，读取的目录，App 应用程序需要有对应的权限。以读取上述写出的文件为例，具体实现代码如下：

```
var fopenAddr = Module.findExportByName("libc.so", "fopen");
var fgetsAddr = Module.findExportByName("libc.so", "fgets");
var fcloseAddr = Module.findExportByName("libc.so", "fclose");


// char * fgets(char * str, int n, FILE * stream)
var fopen = new NativeFunction(fopenAddr, "pointer", ["pointer", "pointer"]);
var fgets = new NativeFunction(fgetsAddr, "pointer", ["pointer", "int", "pointer"]);
var fclose = new NativeFunction(fcloseAddr, "int", ["pointer"]);


var fileName = Memory.allocUtf8String("/data/data/com.xiaojianbang.app/
xiaojianbang.txt");
var openMode = Memory.allocUtf8String("r");
var buffer = Memory.alloc(60);


var file = fopen(fileName, openMode);
```

```
var data = fgets(buffer, 60, file);
console.log(data.readCString());
fclose(file);
// QQ24358757
```

7.2　Frida 其他常用 API 介绍

在 Frida 框架中，除了之前介绍的 Java 层和 so 层的 API 之外，还有一些比较常用的 API，在本节中统一为读者进行介绍，包括 NativePointer 类的常用方法、Memory 的常用方法和替换函数。

7.2.1　NativePointer 类的常用方法

在之前的章节中，零散地讲解了 NativePointer 类的一些方法。这一小节来整体介绍一下，查看源码中的声明：

```
declare class NativePointer {
    // NativePointer 构造函数通过 new NativePointer(...) 或者 ptr(...) 来使用
    constructor(v: string | number | UInt64 | Int64 | NativePointerValue);
    //判断是否为空指针
    isNull(): boolean;
    //创建新指针,值等于 this + v
    add(v: NativePointerValue | UInt64 | Int64 | number | string): NativePointer;
    //创建新指针,值等于 this - v
    sub(v: NativePointerValue | UInt64 | Int64 | number | string): NativePointer;
    //更多用于指针计算的方法请自行查阅相关文档和源码
    ...
    //比较两者是否相等
    equals(v: NativePointerValue | UInt64 | Int64 | number | string): boolean;
    //比较两者大小,返回 1、-1、0
    compare(v: NativePointerValue | UInt64 | Int64 | number | string): number;
    //指针转 32 位有符号数
    toInt32(): number;
    //指针转 32 位无符号数
```

```
toUInt32(): number;
// NativePointer 类型转 string 类型，参数可以指定进制，默认 16 进制
toString(radix?: number): string;
toJSON(): string;


//读取 4/8 字节数据，转指针
readPointer(): NativePointer;
//读 8bit 数据，也就是 1 字节数据，转有符号数
readS8(): number;
//读 8bit 数据，也就是 1 字节数据，转无符号数
readU8(): number;
//更多读取数据转数值的方法以此类推
...
//读指定字节数内存数据，返回 ArrayBuffer
readByteArray(length: number): ArrayBuffer |null;
//读指定长度的 C 语言 char* 字符串，或者读取到遇字节 0 为止
readCString(size?: number): string |null;
//读指定长度的 Utf8 字符串（可以是中文），或者读取到遇字节 0 为止
readUtf8String(size?: number): string |null;
readUtf16String(length?: number): string |null;
//仅限 Windows 平台使用
readAnsiString(size?: number): string |null;


//将 4/8 字节指针写入内存，后续基本都是与读取类似的操作，不再赘述
writePointer(value: NativePointerValue): NativePointer;
writeS8(value: number |Int64): NativePointer;
writeU8(value: number |UInt64): NativePointer;
...
writeByteArray(value: ArrayBuffer |number[]): NativePointer;
writeUtf8String(value: string): NativePointer;
writeUtf16String(value: string):NativePointer;
writeAnsiString(value: string): NativePointer;
}
```

7.2.2 Memory 的常用方法

在之前的章节中，零散地讲解了 Memory 中的一些函数。这一小节来整体介绍一下，查看源码中的声明：

```
declare namespace Memory {
    //异步,在内存中搜索指定数据
    //可以搜索指定指令,然后打补丁。可以搜索指定文件头,然后导出内存等
    function scan(address: NativePointerValue, size: number |UInt64, pattern:
string, callbacks: MemoryScanCallbacks): void;
    // scan 的同步版本
    function scanSync(address: NativePointerValue, size: number |UInt64,
pattern: string): MemoryScanMatch[];
    //在 frida 私有堆上分配指定大小的内存,返回首地址
    function alloc(size: number |UInt64, options?: MemoryAllocOptions):
NativePointer;
    //在 frida 私有堆上,将 str 作为 UTF-8 字符串进行分配、编码和写出
    //(可以是中文)
    function allocUtf8String(str: string): NativePointer;
    function allocUtf16String(str: string): NativePointer;
    //仅限 Windows 平台使用
    function allocAnsiString(str: string): NativePointer;
    //内存复制,参数为目标地址、源地址、要复制的字节数
     function copy(dst: NativePointerValue, src: NativePointerValue, n:
number |UInt64): void;
    //先分配内存,然后进行复制
    function dup(address: NativePointerValue, size: number |UInt64): Na-
tivePointer;
    //修改内存页权限,之前小节中有介绍,这里不再赘述
    function protect(address: NativePointerValue, size: number |UInt64,
protection: PageProtection): boolean;
    //可以用来 patch 指令,本书后续内容中单独介绍
     function patchCode (address: NativePointerValue, size: number |
UInt64, apply:
```

```
MemoryPatchApplyCallback): void;
}
```

7.2.3　替换函数

之前介绍的都是使用 Interceptor.attach 的方式去 Hook 函数，在原函数执行之前和执行之后去做一些事情。如果不想执行原函数，也就是想用一个新函数去替换原函数，就需要使用 Interceptor.replace 方法。查看在源码中的声明：

```
declare namespace Interceptor {
    function replace (target: NativePointerValue, replacement: Native-
PointerValue,
        data?: NativePointerValue): void;
}
```

由此可知，replace 函数的第 0 个参数需要传入 NativePointer 类型的目标地址，第 1 个参数需要传入用于替换的函数，但也得是 NativePointer 类型的。在实际应用中，第 1 个参数通常由 new NativeCallback 来创建。查看源码中的声明：

```
declare class NativeCallback extends NativePointer {
constructor (func: NativeCallbackImplementation, retType: NativeType,
argTypes:
    NativeType[], abi?: NativeABI);
}
```

NativeCallback 在实例化时，需要传入函数的实现、返回值类型、参数类型数组。该类继承了 NativePointer，所以才可以传给 replace 函数的 replacement 参数。先来看一个简单的案例，以 libxiaojianbang.so 中的 Java_com_xiaojianbang_ndk_NativeHelper_md5 为例，将该函数替换成空函数。该函数在 so 文件中的偏移地址为 0x1F2C，第 0 个参数是 JNIEnv *，第 1 个参数是 jclass，第 2 个参数是 jstring，返回值是 jstring，实现替换的代码如下：

```
function hook_func() {
    var md5 Func = Module.findBaseAddress ("libxiaojianbang.so").add
(0x1F2C);
    Interceptor.replace(md5Func, new NativeCallback(function () {
```

```
    }, "void", [ ]));
}
hook_func();
//logcat 中的输出为
//CMD5 md5Result: null
```

如果要替换成空函数，NativeCallback 的参数类型数组可以随便写或者为空数组。但是返回值类型最好和原函数返回值类型一致，并且返回一个合理的值。虽然在上述案例里没有出问题。但如果新函数影响了原函数的代码逻辑，App 应用程序就有可能会崩溃。将上述代码稍作修改，代码如下：

```
function hook_func() {
    var md5Func = Module.findBaseAddress("libxiaojianbang.so").add
(0x1F2C);
    Interceptor.replace(md5Func, new NativeCallback(function () {
        return 100;
    }, "int", []));
}
hook_func();
//该函数触发后,App 崩溃
```

如果在替换函数的同时，还想打印原函数被调用时 App 应用程序传入的实参，那么需要将参数类型写正确。将上述代码稍作修改，代码如下：

```
function hook_func() {
    var md5Func =Module.findBaseAddress("libxiaojianbang.so").add(0x1F2C);
    Interceptor.replace(md5Func, new NativeCallback(function (env, jclass, data) {
        console.log(env);
        console.log(jclass);
        console.log(Java.vm.tryGetEnv().getStringUtfChars(data).readCString());
        return Java.vm.tryGetEnv().newStringUtf("this is return value");
    }, "pointer", ["pointer", "int", "pointer"]));
}
hook_func();
/*
    0x7a4fb206c0
```

177

```
    -420895324
    xiaojianbang
    //logcat 中的输出为
    CMD5 md5Result: this is return value
*/
```

可以看到上述代码中的 jclass 类型应该是 pointer，占 8 个字节，但是新函数错误地当 int 来用，导致取出的结果有误。

原函数并没有真的被替换，在 Interceptor.replace 方法中，依然可以使用 NativeFunction 的方式去主动调用原函数，来实现与 Interceptor.attach 一样的效果。将上述代码稍作修改，代码如下：

```
function hook_func() {
    var md5Addr =Module.findBaseAddress("libxiaojianbang.so").add(0x1F2C);
     var md5Func = new NativeFunction (md5Addr, "pointer", [ "pointer", "
pointer", "pointer"]);
    Interceptor.replace(md5Addr, new NativeCallback(function (env, jclass, data) {
        var fridaEnv = Java.vm.tryGetEnv();
        console.log(env, jclass, fridaEnv.getStringUtfChars(data).readCString());
        var retval =md5Func(env, jclass, data);
        console.log(fridaEnv.getStringUtfChars(retval).readCString());
        return retval;
    }, "pointer", ["pointer", "pointer", "pointer"]));
}
hook_func();
/*
    0x7a4fb206c0 0x7fe6e9a5a4 xiaojianbang
    41bef1ce7fdc3e42c0e5d940ad74ac00
    //logcat 中的输出为
    CMD5 md5Result: 41bef1ce7fdc3e42c0e5d940ad74ac00
*/
```

7.3　Frida 进阶 Hook

本节中将会介绍如何使用 Frida Hook 一些重要的系统函数，Hook 这些系统函数的必要性将会在下文中具体给出。通过本节的学习，读者将会迈入一个更高的台阶，之

178

后的学习就需要读者在实践中自己摸索了。

7.3.1 Hook 系统函数 dlopen

在讲解 Hook dlopen 的代码之前，先来介绍一下 Hook dlopen 的必要性。

这里以 libxiaojianbang.so 中的 myInit 函数为例。该函数定义部分在 so 文件中的偏移地址是 0x1DE8，在 JNI_OnLoad 函数中被调用，如图 7-8 所示。JNI_OnLoad 函数比较特殊，so 文件被加载以后，系统会自动调用 JNI_OnLoad 函数。因此，myInit 函数在 libxiaojianbang.so 加载后，就会被调用。

```
IDA View-A        Pseudocode-A        Hex View-1        Structures

 1  jint JNI_OnLoad(JavaVM *vm, void *reserved)
 2  {
 3    _JNIEnv *v2; // x1
 4    jint v5; // [xsp+34h] [xbp-1Ch]
 5    pthread_t newthread; // [xsp+38h] [xbp-18h] BYREF
 6    void *v7[2]; // [xsp+40h] [xbp-10h] BYREF
 7
 8    v7[1] = *(void **)(_ReadStatusReg(ARM64_SYSREG(3, 3, 13, 0, 2)) + 40);
 9    myInit();
10    bssFunc();
11    v7[0] = 0LL;
12    if ( (unsigned int)_JavaVM::GetEnv((_JavaVM *)vm, v7, 65542) )
13    {
14      v5 = -1;
15    }
16    else
17    {
18      pthread_create(&newthread, 0LL, (void *(*)(void *))myThread, 0LL);
19      pthread_join(newthread, 0LL);
20      NativeHelper::registerNativeMethod((NativeHelper *)v7[0], v2);
21      v5 = 65542;
22    }
23    _ReadStatusReg(ARM64_SYSREG(3, 3, 13, 0, 2));
24    return v5;
25  }
```

● 图 7-8　JNI_OnLoad 函数

如果使用 spawn 的方式注入 JavaScript，so 文件肯定还没加载，会因为找不到 so 文件基址而报错（系统 so 文件除外）。如果使用附加的方式注入 JavaScript，可能 so 文件已经加载，想要 Hook 的函数已经执行完毕，也有可能因为 so 文件还没加载而报错。可见单纯从 JavaScript 的注入时机上解决不了问题。

要成功 Hook 这个函数，需要一个良好的 Hook 时机。

- 需要在 so 文件加载之后 Hook，因为 so 文件加载以后才能获取到 so 文件基址。
- 需要在 myInit 函数调用之前，或者 JNI_OnLoad 调用之前，因为该函数有可能会放在 JNI_OnLoad 函数中的第一行。

dlopen 这个系统函数刚好满足需求，系统加载的 so 文件和自己加载的 so 文件，一般都要通过这个函数。当然最好配合 spawn 方式注入 JavaScript，让 Frida 在 App 应用程序一启动时就 Hook 这些系统函数。dlopen 的第 0 个参数是被加载的 so 文件所在全路径，第 1 个参数用于指定加载模式。实现 Hook 的代码如下：

```
function hook_func() {
    var myInit =Module.findBaseAddress("libxiaojianbang.so").add(0x1DE8);
    Interceptor.replace(myInit,  new NativeCallback(function () {
        console.log("replace myInit success");
    }, "void",  [ ]));
}
function hook_dlopen() {
    var android_dlopen_ext = Module.findExportByName("libdl.so", "android_
dlopen_ext");
    Interceptor.attach(android_dlopen_ext, {
        onEnter: function (args) {
            var soPath =args[0].readCString();
            if(soPath.indexOf("libxiaojianbang.so") != -1) this.hook =true;
        }, onLeave: function (retval) {
            if(this.hook)  hook_func();
        }
    });
}
hook_dlopen();
// replace myInit success
```

将代码保存到 sohook.js 中，使用 frida -U -f com.xiaojianbang.app --no-pause -l sohook.js 命令注入 JavaScript。当 libxiaojianbang.so 加载后，得到输出 replace myInit success，在 myInit 函数执行之前，成功替换了函数。

上述代码 Hook 了 libdl.so 中的 android_dlopen_ext，在 onEnter 处判断正在加载的 so 文件全路径包含 libxiaojianbang.so 字符串，则在 onLeave 处执行 hook 代码。android_dlopen_ext 是高版本 Android 系统中用于加载 so 文件的函数。该函数执行完毕，so 文件就已经加载到内存中，而 JNI_OnLoad 尚未调用。此时可以获取到 so 文件基址，完成相应函数的 Hook。

在低版本 Android 系统中，用于加载 so 文件的函数是 dlopen。将上述代码稍作修改，完成两个函数的 Hook，达到兼容的目的。具体代码如下：

```
function hook_func() {
    var myInit =Module.findBaseAddress("libxiaojianbang.so").add(0x1DE8);
    Interceptor.replace(myInit,  new NativeCallback(function () {
        console.log("replace myInit success");
    }, "void",  [ ]));
}
function hook_dlopen(addr, soName, callback) {
    Interceptor.attach(addr, {
        onEnter: function(args){
            var name =args[0].readCString();
            if(name.indexOf(soName) != -1) this.hook =true;
        }, onLeave: function(retval){
            if(this.hook) callback();
        }
    });
}
var dlopen =Module.findExportByName("libdl.so", "dlopen");
var android_dlopen_ext =Module.findExportByName("libdl.so", "android_dlopen_
ext");
hook_dlopen(dlopen, "libxiaojianbang.so", hook_func);
hook_dlopen(android_dlopen_ext, "libxiaojianbang.so", hook_func);
// replace myInit success
```

7.3.2　Hook 系统函数 JNI_Onload

在上一小节中介绍过，如果想要在 so 文件加载后立马 Hook 某个函数，需要在 dlopen 的 onEnter 函数中判断是否正在加载指定的 so 文件。如果是，就立马在 onLeave 函数中 Hook。

JNI_OnLoad 虽然比较特殊，在 so 文件加载后，由系统自动调用。但是 JNI_On-Load 也是在 dlopen 之后调用的，所以 Hook 方法与普通函数一致，Hook dlopen 即可。

具体实现代码如下：

```
function hook_JNIOnload() {
    var JNI_OnLoad =Module.findExportByName("libxiaojianbang.so", "JNI_OnLoad");
    Interceptor.attach(JNI_OnLoad, {
        onEnter: function(args){
            console.log(args[0]);
        }, onLeave: function(retval){
            console.log(retval);
        }
    });
}
function hook_dlopen(addr, soName,callback) {
    Interceptor.attach(addr, {
        onEnter: function(args){
            var name =args[0].readCString();
            if(name.indexOf(soName) != -1) this.hook =true;
        }, onLeave: function(retval){
            if(this.hook) callback();
        }
    });
}
var dlopen =Module.findExportByName("libdl.so", "dlopen");
var android_dlopen_ext =Module.findExportByName("libdl.so", "android_dlopen_ext");
hook_dlopen(dlopen, "libxiaojianbang.so", hook_JNIOnload);
hook_dlopen(android_dlopen_ext, "libxiaojianbang.so", hook_JNIOnload);
/*
    0x7a4faaf1c0
    0x10006      // JNIOnload 函数必须返回一个合理的 jni 版本号,这里返回的是1.6
*/
```

7.3.3　Hook 系统函数 initarray

在 so 文件加载过程中，系统会自动调用 so 文件中定义的 init、init_array 和 JNI_OnLoad 函数。其中 init 和 init_array 是在 dlopen 函数执行过程中调用的，JNI_OnLoad 是在 dlopen 函数执行之后调用的。因此，要 Hook JNI_OnLoad 只需 Hook dlopen，在

dlopen 的 onLeave 函数中处理即可。但是要 Hook init 和init_array，只 Hook dlopen 是做不到的。在 dlopen 的 onEnter 函数中，so 文件还没有加载，无法 Hook so 文件中的 init 和 init_array。但是当执行 dlopen 的 onLeave 函数时，so 文件中的 init 和 init_array 又已经执行完毕。

想要 Hook initarray，就需要在 dlopen 函数内部再找一个 Hook 点。而这个函数必须满足以下需求，该函数执行之前 so 文件已经加载完毕，且 so 文件中的 init 和 init_array 尚未被调用。linker 中的 call_constructors 函数满足这些需求，该函数用于调用 so 文件中的 init 和 init_array，并且该函数在 linker 的符号表中，不需要通过偏移来计算函数地址。

首先，还是需要 Hook dlopen 来监控 libxiaojianbang.so 的加载，但是这次代码不太一样，要在 onEnter 函数中去 hook call_constructors。具体实现代码如下：

```
function hook_dlopen(addr, soName, callback) {
    Interceptor.attach(addr, {
        onEnter: function (args) {
            var soPath = args[0].readCString();
            if(soPath.indexOf(soName) != -1) callback();
        }, onLeave: function (retval) {
        }
    });
}
var dlopen = Module.findExportByName("libdl.so", "dlopen");
var android_dlopen_ext = Module.findExportByName("libdl.so", "android_dlopen_ext");
hook_dlopen(dlopen, "libxiaojianbang.so", hook_call_constructors);
hook_dlopen(android_dlopen_ext, "libxiaojianbang.so", hook_call_constructors);
```

call_constructors 函数定义在 linker 里，而 linker 又分为 32 位 linker 和 64 位的 linker64。本小节测试的是 64 位的 so 文件，因此在 linker64 中枚举符号，代码如下：

```
function hook_call_constructors() {
    var _symbols = Process.getModuleByName("linker64").enumerateSymbols();
    var call_constructors_addr = null;
    for (let i = 0; i < _symbols.length; i++) {
        var _symbol = _symbols[i];
```

```
        if(_symbol.name.indexOf("call_constructors") != -1){
            call_constructors_addr = _symbol.address;
        }
    }
    Interceptor.attach(call_constructors_addr, {
        onEnter: function (args) {
            hook_initarray();
        }, onLeave: function (retval) {
        }
    });
}
```

得到 call_constructors 函数的地址后，进行 Hook。然后在 onEnter 函数中，去 Hook 对应 so 文件中的 init 和 init_array。也就是说，在上述代码中，hook_initarray 函数才是具体的业务逻辑代码，其他代码都是为了 hook_initarray 能够成功执行而做的一系列铺垫。以替换 libxiaojianbang.so 的 init_array 中的 initArrayTest1、initArrayTest2、sub_1CEC 为例，三个函数对应偏移地址为 0x1D14、0x1D3C、0x1CEC。hook_initarray 函数的具体实现代码如下：

```
function hook_initarray(){
    var xiaojianbangAddr = Module.findBaseAddress("libxiaojianbang.so");
    var func1_addr = xiaojianbangAddr.add(0x1D14);
    var func2_addr = xiaojianbangAddr.add(0x1D3C);
    var func3_addr = xiaojianbangAddr.add(0x1CEC);
    Interceptor.replace(func1_addr, new NativeCallback(function () {
        console.log("func1 is replaced!!!");
    }, 'void', []));
    Interceptor.replace(func2_addr, new NativeCallback(function () {
        console.log("func2 is replaced!!!");
    }, 'void', []));
    Interceptor.replace(func3_addr, new NativeCallback(function () {
        console.log("func3 is replaced!!!");
    }, 'void', []));
    Interceptor.detachAll();
}
```

7.3.4　Hook 系统函数 pthread_create

一些用于检测的函数通常需要实时运行，那么就有可能用 pthread_create 开启一个子线程。可以通过 Hook 这个函数来查看 App 应用程序为哪些函数开启了线程，就可以有针对性地去分析这些函数的代码逻辑是否与检测相关。

这也是逆向分析中的常规思路，通过 Hook 一些系统函数，可以观察 App 应用程序在执行过程中，是否进行了某些敏感操作，是否访问了某些文件等。

pthread_create 是 libc.so 中的函数，查看该函数的声明：

```
int pthread_create(pthread_t * tidp, const pthread_attr_t * attr,
                        void * (* start_rtn)(void* ), void * arg);
```

第 0 个参数为指向线程标识符的指针，第 1 个参数用来设置线程属性，第 2 个参数是线程运行函数的起始地址，最后 1 个参数是传递给线程运行函数的参数。实现 Hook 的代码如下：

```
var pthread_create_addr =Module.findExportByName("libc.so", "pthread_create");
Interceptor.attach(pthread_create_addr,{
    onEnter:function(args){
        console.log(args[0], args[1], args[2], args[3]);
        var Module = Process.findModuleByAddress(args[2]);
        if(Module != null) console.log(Module.name, args[2].sub(Module.base));
    },onLeave:function(retval){
    }
});
/*
0x7fc2d0bc18 0x7fc2d0bc20 0x7e21962f90 0x7e259783c0
libutils.so 0x12f90
...
0x7da0bfe9a0 0x0 0x7da097b8dc 0x7e259cbe00
libart.so 0x34b8dc
...
0x7fc2d09378 0x0 0x7d91152d8c 0x0
libxiaojianbang.so 0x1d8c
* /
```

上述代码输出了 pthread_create 的 4 个参数，并根据第 2 个参数的地址寻找对应模块，取得模块名和函数对应 so 文件中的偏移地址。对于 pthread_create 的 Hook 其实不需要做太多操作，只是用来提示 App 应用程序为这些函数开启了线程，然后有针对性的替换函数即可。

7.3.5 监控内存读写

在逆向分析中，可能会先找到某些疑似关键的字符串、变量等，但是在 IDA 中查看、引用这些字符串、变量的地方可能会很多，也有可能显示的结果不是很准确。这时可以使用 Frida 来监控内存读写，用来查看哪个函数首次访问了这块内存。

使用 Process.setExceptionHandler(callback) 可以设置异常处理回调函数。当异常触发时，会调用该回调函数。在该回调函数中，可以通过修改寄存器和内存来让程序从异常中恢复。如果处理了异常，函数最后需要返回 true，Frida 会立即恢复线程。

本小节要介绍的监控内存读写的思路很简单，先通过 Frida API 设置异常处理回调，再修改某一块内存区域的访问权限。那么当 App 应用程序访问这块内存时，就会触发access-violation 异常，也就是非法访问。接着就会到预先设置好的异常处理回调函数中执行，获取一系列想要的信息以后，再将内存权限修改回来，然后返回 true，让 Frida 恢复线程即可。具体实现代码如下：

```
function hook_dlopen(addr, soName, callback) {
    Interceptor.attach(addr, {
        onEnter: function (args) {
            var soPath = args[0].readCString();
            if(soPath.indexOf(soName) != -1) this.hook = true;
        }, onLeave: function (retval) {
            if (this.hook) {callback()}
        }
    });
}
var dlopen = Module.findExportByName("libdl.so", "dlopen");
var android_dlopen_ext = Module.findExportByName("libdl.so", "android_dlopen_ext");
hook_dlopen(dlopen, "libxiaojianbang.so", set_read_write_break);
hook_dlopen(android_dlopen_ext, "libxiaojianbang.so", set_read_write_break);
```

```
function set_read_write_break(){
    Process.setExceptionHandler(function(details) {
        console.log(JSON.stringify(details, null, 2));
        Memory.protect(details.memory.address, Process.pointerSize, 'rwx');
        return true;
    });
    var addr = Module.findBaseAddress("libxiaojianbang.so").add(0x3DED);
    Memory.protect(addr, 8, '---');
}
/*
    {
        "message": "access violation accessing 0x75ecd31e6b",
        "type": "access-violation",
        "address": "0x767e9e75c4",
        "memory": {
            "operation": "read",
            "address": "0x75ecd31e6b"
        },
        "context": {
            "pc": "0x767e9e75c4",
            "sp": "0x7fc2481e50",
            "x0": "0x7681a52188",
            "x1": "0x75ecd31e6b",
            ...
            "lr": "0x767e9e73f8"
        },
        "nativeContext": "0x7fc2480c70"
    }
*/
```

上述代码先 Hook 了 dlopen 函数，然后在 onLeave 函数中执行 set_read_write_break 函数。而该函数中，首先设置异常回调，接着把需要监控的内存区域权限设置为 '---'。当异常发生时，会调用异常回调函数，该回调函数接收一个参数 details。该参数是一个对象，记录了异常的消息描述 message、异常的类型 type、发生异常的地址 address、发生异常时访问的内存地址，以及发生异常时的寄存器信息。

还可以在异常回调函数中打印函数栈，获取地址对应的符号信息等。具体代码如下：

```
...
function set_read_write_break(){
    Process.setExceptionHandler(function(details) {
        console.log(JSON.stringify(details, null, 2));
        console.log("lr", DebugSymbol.fromAddress(details.context.lr));
        console.log("pc", DebugSymbol.fromAddress(details.context.pc));
        Memory.protect(details.memory.address, Process.pointerSize, 'rwx');
        console.log(Thread.backtrace(details.context,
Backtracer.ACCURATE).map(DebugSymbol.fromAddress).join('\n') + '\n');
        return true;
    });
    var addr = Module.findBaseAddress("libxiaojianbang.so").add(0x3DED);
    Memory.protect(addr, 8, '---');
}
/*
    {
      "message": "access violation accessing 0x75eaff1e6b",
      ...
      "nativeContext": "0x7fc2480c70"
    }
    lr 0x767e9e73f8 libc.so! __vfprintf +0x3c
    pc 0x767e9e75c4 libc.so! __vfprintf +0x208
    0x767e9e73f8 libc.so! __vfprintf +0x3c
    ...
    0x75eafefe08 libxiaojianbang.so! _Z6myInitv +0x20
    0x75eafefe34 libxiaojianbang.so! JNI_OnLoad +0x24
    ...
*/
```

通过上述方法，监控内存读写是有缺陷的。由于 Memory.protect 修改的是内存页的权限，并不是只修改给定字节数的权限，所以会存在误差，导致监控内存读写的位置不是很精确。监控内存读写最推荐的是使用 unidbg，这是一个基于 unicorn 开发的，能够在 PC 端模拟执行 so 文件的框架。

7.3.6 函数追踪工具 frida-trace

在讲解 frida-trace 之前，先来介绍一个 IDA 插件 trace_natives。使用该插件获取 so 文件代码段中所有函数的偏移地址后，再配合 frida-trace 就可以打印函数内部调用流程。

trace_natives 的使用方法很简单，把 traceNatives.py 文件放到 IDA 安装根目录下的 plugins 目录里，重启 IDA，将 so 文件拖入到 IDA 中，等 IDA 解析完毕后，单击菜单 Edit→plugins→traceNatives 即可。

以 libxiaojianbang.so 为例，使用该插件后，会生成一个 txt 文件，里面记录了 so 文件代码段中汇编指令大于 10 行的函数偏移地址，内容如下：

```
-a 'libxiaojianbang.so! 0x16bc' -a 'libxiaojianbang.so! 0x1854' -a 'libxi-
aojianbang.so! 0x188c' -a 'libxiaojianbang.so! 0x18c4' -a 'libxiaojian-
bang.so! 0x190c' -a 'libxiaojianbang.so! 0x1a0c' -a 'libxiaojianbang.so!
0x1a44' -a 'libxiaojianbang.so! 0x1a84' -a 'libxiaojianbang.so! 0x1acc'
...
```

通过修改 traceNatives.py 中的代码，可以自行调整汇编指令多于几行的函数地址记录在 txt 文件中。插件运行完成后，在 IDA 的 output 界面里会输出使用方法。内容如下：

```
frida-trace -UF -O C:\Users\Administrator\Desktop\libxiaojianbang_
1634124936.txt
```

可以看出 trace_natives 用来生成 frida-trace 运行所需参数，而真正的 Hook 由 frida-trace 来完成。

这里只对上述内容中出现的选项进行介绍，-U 代表 USB 设备，-F 代表设备中当前最前端的应用程序。frida-trace 支持通过文本文件传递命令行选项，而-O 用于指定该文本文件路径，-a 表示根据偏移地址来 Hook 函数。

打开 App 应用程序，启动 fridaserver，运行上述命令行，单击 CMD5 按钮后，得到如下输出：

```
Instrumenting...
sub_16bc: Auto-generated handler at
"D:\\Project\\JSProject\\HookProject\\src\\__handlers__\\libxiaojian-
bang.so\\sub_16bc.js"
```

```
...
Started tracing 25 functions. Press Ctrl + C to stop.
          /* TID 0x27ac */
 59084 ms   sub_1f2c()
 59084 ms     |sub_16bc()
 59084 ms     |   |sub_1854()
 ...
 59085 ms     |sub_2230()
 59085 ms     |sub_22a0()
 59085 ms     |sub_3a78()
 59085 ms     |   |sub_3b74()
 59085 ms     |   |sub_22a0()
 59085 ms     |   |sub_22a0()
 59086 ms     |   |   |sub_2518()
 59086 ms     |   |   |   |sub_3cb0()
 59086 ms     |   |sub_3b74()
 59086 ms     |sub_20f4()
 ...
 59086 ms     |sub_21f0()
 59087 ms     |sub_188c()
```

  frida-trace 会为每个被 Hook 的函数生成对应的 JavaScript 文件，并保存在当前目录下的__handlers__/libxiaojianbang. so/ 目录下，然后显示开始 trace 函数的数量。当函数被触发后，会按上述结构，打印相关信息。

  从上述输出结果中可以很清晰地知道 sub_1f2c 函数内部的调用流程，然后结合其他方法，做进一步分析即可。修改 frida-trace 生成的 JavaScript 文件，还可以输出函数名、参数以及返回值。查看 frida-trace 生成的 JavaScript 文件中的内容：

```
{
  onEnter(log, args, state) {
    log('sub_22a0()');
  },
  onLeave(log, retval, state) {
  }
}
```

  对应函数调用之前，会先调用 onEnter 函数。对应函数调用之后，会调用 onLeave 函数。log 用于输出信息，args 用于获取参数，retval 用于获取结果，还可以访问 this

和寄存器，自然也可以使用其他 Frida 相关 API。可以看出基本与之前介绍的 Hook 相同。将上述 JavaScript 文件稍作修改，使得能够输出函数名和参数，修改如下：

```
{
  onEnter(log, args, state) {
    log('sub_22a0()', DebugSymbol.fromAddress(this.context.pc).name,
hexdump(args[1], {length: 16, header: false}), args[2]);
  },
  onLeave(log, retval, state) {
  }
}
```

上述代码中，使用到的相关函数，在之前的章节中都已介绍，这里不再赘述。为了方便只改了 sub_22a0.js 文件。再次运行 frida-trace，单击 CMD5 按钮后，得到如下输出：

```
Instrumenting...
sub_16bc: Loaded handler at
"D:\\Project \\JSProject \\HookProject \\src \\__handlers__\\libxiaojian-
bang.so\\sub_16bc.js"
...
Started tracing 25 functions. Press Ctrl +C to stop.
        /* TID 0x27ac * /
  2755 ms   sub_1f2c()
  2755 ms   |sub_16bc()
  2755 ms   |   |sub_1854()
  ...
  2756 ms   |sub_2230()
  2756 ms   |sub_22a0()  _Z9MD5UpdateP7MD5_CTXPhj
        75a2798bb0   78 69 61 6f 6a 69 61 6e 62 61 6e 67 00 00 c0 41   xiao-
jianbang...A
        0xc
  2758 ms   |sub_3a78()
  2758 ms   |   |sub_3b74()
  2758 ms   |   |sub_22a0()  _Z9MD5UpdateP7MD5_CTXPhj
        75f02d7000   80 00 00 00 00 00 00 00 00 00 00 00 00 00 00 00   ................
```

```
                0x2c
2759 ms    |   | sub_22a0()  _Z9MD5UpdateP7MD5_CTXPhj
          7fc209c7c0    60 00 00 00 00 00 00 00  c0 98 f2 f3 97 9d a5 df
    `..............
                0x8
2759 ms    |   |   | sub_2518()
2759 ms    |   |   |   | sub_3cb0()
2759 ms    |   | sub_3b74()
2760 ms    | sub_20f4()
...
2761 ms    | sub_21f0()
2761 ms    | sub_188c()
```

上述输出的效果就没有之前那么美观了，推荐只用 frida-trace 打印函数内部调用流程，自己手工另外 Hook 打印参数等信息。

frida-trace 还支持正则表达式模糊匹配来批量 Hook Java 方法，Hook 所有静态注册的 jni 函数等。代码如下：

```
frida-trace -UF -j '* ! * certificate* /isu'
frida-trace -UF -i "Java_* "
```

7.3.7 Frida API 的简单封装

在逆向分析中，分析出一些可疑的关键函数后，大部分情况下都是打印数据，查看函数运行过程中传入的实参和返回值，很少进行修改和其他操作。因此，可以对 Frida 的 API 做进一步封装。如果传入地址和参数个数，就可以完成 Hook 和数据打印，就很方便了。代码如下：

```
var soAddr = Module.findBaseAddress("libxiaojianbang.so");
hookAddr(soAddr.add(0x1ACC), 5);// Java_com_xiaojianbang_ndk_Native-
Helper_add
hookAddr(soAddr.add(0x22A0), 3); // MD5Update
```

接下来实现下 hookAddr 函数，代码如下：

```
function hookAddr(funcAddr, paramsNum){
    var module = Process.findModuleByAddress(funcAddr);
    Interceptor.attach(funcAddr, {
```

```
        onEnter: function(args){
            this.logs =[];
            this.params =[];
            this.logs.push("call " + module.name + "!" + ptr(funcAddr).
sub(module.base) + "\n");
            for(let i =0; i < paramsNum; i + +){
                this.params.push(args[i]);
                this.logs.push("this.args" +i + " onEnter: " + printAddr(args[i]));
            }
        }, onLeave: function(retval){
            for(let i =0; i < paramsNum; i + +){
                this.logs.push("this.args" + i + " onLeave: " + printAddr
(this.params[i]));
            }
            this.logs.push("retval onLeave: " + printAddr(retval) + "\n");
            console.log(this.logs);
        }
    });
}
```

通过传入的函数地址，找到对应的模块，以便得到模块名和计算函数在模块中的偏移地址。对该函数地址进行 Hook，在 onEnter 函数中输出一遍参数，在 onLeave 函数中输出一遍参数和返回值，以便处理 C 语言中常见的参数当返回值来使用的情况。将需要输出的信息，先添加到一个数组中，在 onLeave 函数执行完毕时，一次性输出，防止输出信息错乱。

在上述代码中，函数的参数和返回值会先传入 printAddr 函数中，用来判断是否为地址。如果是地址，则使用 hexdump 函数，如果不是，则直接输出。printAddr 函数的代码如下：

```
function printAddr(addr){
    var module = Process.findRangeByAddress(addr);
    if(module != null) return hexdump(addr) + "\n";
    return ptr(addr) + "\n";
}
```

最终被 Hook 函数触发后，得到以下输出：

```
call libxiaojianbang.so! 0x1acc
...
```

```
,this.args2 onEnter: 0x5
,this.args3 onEnter: 0x6
,this.args4 onEnter: 0x7
...
,this.args2 onLeave: 0x5
,this.args3 onLeave: 0x6
,this.args4 onLeave: 0x7
,retval onLeave: 0x12

call libxiaojianbang.so! 0x22a0
...
,this.args1 onEnter:
7590c56390   78 69 61 6f 6a 69 61 6e 62 61 6e 67 00 00 c0 41   xiaojianbang...A
,this.args2 onEnter: 0xc
...
,this.args1 onLeave:
7590c56390   78 69 61 6f 6a 69 61 6e 62 61 6e 67 00 00 c0 41   xiaojianbang...A
,this.args2 onLeave: 0xc
,retval onLeave:
7fc209c890   78 69 61 6f 6a 69 61 6e 62 61 6e 67 76 00 00 00   xiaojianbangv...
```

在逆向分析比较复杂的样本时，不是 Hook 一两个函数就能搞定的。通常需要 Hook 一些函数，然后对运行时的实参和返回值做出分析后，不断调整思路，继续 Hook 另一些函数，如此往复。因此，对 Frida API 的封装能极大地减轻工作量，使得精力都放在分析上。再比如，上一小节介绍的 frida-trace 打印出来的函数内部调用流程，有了这一小节的 hookAddr 函数，就可以很方便地将这些函数地址全部 Hook，再分析参数和返回值，以此来缩小关键函数范围。

7.3.8 代码跟踪引擎 stalker

Stalker 是 Frida 的代码跟踪引擎，允许跟踪线程，捕获每个调用、每个块，甚至每个执行的指令。Stalker 目前支持运行 Android 或 iOS 的手机和平板计算机上常见的 AArch64 架构，以及台式计算机和笔记本计算机上常见的 Intel 64 和 IA-32 架构。

为了便于理解，以 libxiaojianbang.so 中的 Java_com_xiaojianbang_ndk_NativeHelper_md5 函数为例，跟踪该函数内部的所有函数调用。具体代码如下：

```
var md5Addr = Module.getExportByName("libxiaojianbang.so", "Java_com_xi-
aojianbang_ndk_NativeHelper_md5");
Interceptor.attach(md5Addr, {
    onEnter: function () {
        this.tid = Process.getCurrentThreadId();
        Stalker.follow(this.tid, {
            events: {
                call: true,
            },
            onReceive(events) {
                var _events = Stalker.parse(events);
                for (var i = 0; i < _events.length; i++) {
                    console.log(_events[i]);
                }
            },
        });
    }, onLeave: function () {
        Stalker.unfollow(this.tid);
    }
});
/*
    call,0x7590e77054,0x7590d63f60,0
    call,0x7590e035a8,0x7590e0b24c,0
    ...
*/
```

先对 Java_com_xiaojianbang_ndk_NativeHelper_md5 函数进行 Hook，在 onEnter 函数中，通过 Stalker.follow 跟踪函数调用。查看在源码中的声明：

```
declare namespace Stalker {
    function follow(threadId?: ThreadId, options?: StalkerOptions): void;
    function unfollow(threadId?: ThreadId): void;
    function parse(events: ArrayBuffer, options?: StalkerParseOptions):
StalkerEventFull[] | StalkerEventBare[];
    ...
}
```

Stalker.follow 函数接收两个参数，第 0 个参数是 threadId，用于指定跟踪的线程，默认是当前线程。在示例代码中，使用 Process.getCurrentThreadId() 来获取当前线程 id，赋值给 this.tid，并将该值传递给 Stalker.unfollow，用来解除追踪。Stalker.follow 函数的第 1 个参数是 options，类型为 StalkerOptions，用于自定义跟踪选项。在源码中的声明如下：

```
interface StalkerOptions {
    events?: {
        call?: boolean;
        ret?: boolean;
        exec?: boolean;
        block?: boolean;
        compile?: boolean;
    };
    onReceive?: (events: ArrayBuffer) = > void;
    onCallSummary?: (summary: StalkerCallSummary) = > void;
    ...
}
```

events 用于指定生成哪些事件，传递给 onReceive 和 onCallSummary。比如当 events 里面的 call 为 true，Stalker 在跟踪代码时，遇到函数调用，就会记录一些信息传递给 onReceive 和 onCallSummary。events 还支持在执行 ret 指令、所有指令 exec、基本块 block 时生成事件。

onReceive 函数接收一个参数 events，该参数可以使用 Stalker.parse 来解析。返回结果为 StalkerEventFull 数组或者 StalkerEventBare 数组。因此，示例代码中使用循环来遍历解析后的数组。Stalker.parse 还可以指定 StalkerParseOptions，查看在源码中的声明：

```
interface StalkerParseOptions {
    annotate?: boolean;
    stringify?: boolean;
}
type StalkerEventFull = StalkerCallEventFull | StalkerRetEventFull |
StalkerExecEventFull |
    StalkerBlockEventFull |StalkerCompileEventFull;
type StalkerEventBare = StalkerCallEventBare | StalkerRetEventBare |
StalkerExecEventBare |
```

```
StalkerBlockEventBare | StalkerCompileEventBare;
```

```
type StalkerCallEventFull =[ "call", NativePointer | string, NativePoint-
er |string, number ];
type StalkerCallEventBare = [         NativePointer | string, NativePointer |
string, number ];
...
```

StalkerParseOptions 中的 annotate 表示是否包括每个事件的类型，默认为 true。stringify 表示是否将指针值格式化为字符串而不是 NativePointer 值。如果将 annotate 指定为 false，Stalker. parse 将返回 StalkerEventBare 类型的数组，否则返回 StalkerEvent-Full 类型的数组。以 call 为例，StalkerCallEventFull 比 StalkerCallEventBare 就多了一个用于表示事件类型的字符串。在示例代码的输出中，比如" call，0x7590e77054，0x7590d63f60，0" 分别表示事件类型为 call、发生 call 时的地址、call 所调用的函数地址。

将示例代码中的 onReceive 函数中的代码稍作修改，代码如下：

```
onReceive(events) {
    var _events =Stalker.parse(events);
    for (var i =0; i < _events.length; i + +) {
        var addr1 = _events[i][1];
        var module1 =Process.findModuleByAddress(addr1);
        if (module1 && module1.name = = "libxiaojianbang.so") {
            var addr2 = _events[i][2];
            var module2 =Process.findModuleByAddress(addr2);
            console.log(module1.name, addr1.sub(module1.base), module2.name,
addr2.sub(module2.base));
        }
    }
}
/*
    libxiaojianbang.so 0x1f64 libxiaojianbang.so 0x1440
    libxiaojianbang.so 0x1710 libxiaojianbang.so 0x1630
    libxiaojianbang.so 0x187c libart.so 0x34f218
    ...
* /
```

Stalker.follow 会跟踪所有 so 文件中的调用，包括一些系统 so 文件。上述代码中的 addr1 是发生 call 时的地址，如果只需要输出当前 so 文件中的调用，可以找到 addr1 对应的模块，判断一下即可。上述代码的第 3 行输出表示发生 call 的地址是在 libxiao-jianbang.so 中的 0x187c 处，被调用的函数定义在 libart.so 中的 0x34f218。

需要注意，提供回调对性能有重大影响，不需要的回调可以注释。避免将代码逻辑放在 onCallSummary 中，而将 onReceive 作为空回调留在其中。

再来介绍一下 onCallSummary 的使用，该回调函数接收一个类型为 StalkerCallSummary 的参数，查看在源码中的声明：

```
interface StalkerCallSummary {
    [target: string]: number;
}
```

summary 是一个对象，属性名是被调用的函数地址，属性值是被调用的次数。来看一下 onCallSummary 事件函数的写法，具体代码如下：

```
var md5Addr = Module.getExportByName("libxiaojianbang.so",
"Java_com_xiaojianbang_ndk_NativeHelper_md5");
Interceptor.attach(md5Addr, {
    onEnter: function () {
        this.tid = Process.getCurrentThreadId();
        Stalker.follow(this.tid, {
            events: {
                call: true,
            },
            onCallSummary(summary) {
                for (const addr in summary) {
                    var module = Process.findModuleByAddress(addr);
                    if (module && module.name == "libxiaojianbang.so") {
                        const num = summary[addr];
                        console.log(module.name, ptr(addr).sub(module.base), num);
                    }
                }
            },
        });
    }, onLeave: function () {
        Stalker.unfollow(this.tid);
```

```
    }
});
/*
    libxiaojianbang.so 0x14a0 2
    libxiaojianbang.so 0x15e0 1
    libxiaojianbang.so 0x1610 1
    libxiaojianbang.so 0x1460 1
    libxiaojianbang.so 0x15d0 16
    ...
 */
```

同样地，从被调用的函数地址中，筛选出定义在 libxiaojianbang.so 中的地址。将这些地址全部 Hook，打印参数和返回值，以此来缩小关键函数范围，甚至对于封装得比较好的标准算法，可以直接得到密钥等关键信息。需要注意 Stalker 记录的 call 函数地址，包含 plt 表中的地址，这些地址无法 Hook，需要剔除。通常 onReceive 事件用于查看函数调用流程，onCallSummary 事件用于查看对应地址被调用次数。

7.4 实战：某观察登录协议分析

本小节介绍一个实战案例，运用之前介绍的方法来分析某观察 App 应用程序的登录协议。使用 HttpCanary 对该 App 应用程序的登录进行抓包，得到以下关键数据：

```
POST //user/vCodeLogin HTTP/1.1
User-Agent: covermedia-android
Content-Type: application/x-www-form-urlencoded
Content-Length: 337
Host: xxxx.com.cn
Connection: Keep-Alive
Accept-Encoding: gzip

switch_suggest = 1&data =% 7B% 22mobile% 22% 3A% 2213866668888% 22% 2C%
22step% 22% 3A2% 2C% 22vcode% 22% 3A% 22123456% 22% 7D&vno = 8.0.0&sign
 = 7790AAA5FFF783BBE4E53120A15C52-
EC&channel = guanwang _ 87&client = android&teen _ mode = 0&app _ vno = 8.0.
0 &deviceid = d6e5 f275-c2b6-33a8-a85c-1db521e1dd09&account = e47a5c7c-c038-
411d-ac4a-07bcf2be40-
44&timestamp = 1634881355095&token =
```

上述提交的字段中，data 进行 URL 解码后，结果如下：

```
{"mobile":"13866668888","step":2,"vcode":"123456"}
```

可以看出都是明文数据，也就是上述字段中，只有三个值是未知的，account、deviceid 和 sign。deviceid 和 account 这里不做分析，有兴趣的读者可以自行逆向练手。这一类的值一般就是取得设备 id 处理后的结果，有些 App 应用程序甚至直接就是随机生成的。这里只分析 sign 值是如何计算出来的。

先使用算法"自吐"脚本进行分析，兴许使用的是 Java 层的标准算法库，那么就直接出结果，不需要逆向了。测试后没有得到有用的信息，猜测可能是 so 层的算法导致的。

再使用 Objection 进行分析，使用以下代码注入该 App 应用程序中：

```
objection -g com.xxxx explore
```

字符串数据在进行加解密时，通常会调用 String 类的 getBytes 方法转成字节数组。因此，尝试 Hook 这个方法。在 Objection 使用以下代码完成 Hook：

```
android hooking watch class_method java.lang.String.getBytes
```

在 App 应用程序上单击"登录"按钮，输出以下信息：

```
(agent)[571233] Called java.lang.string.getBytes(java.nio.charset.Charset)
```

由此可见，确实使用了 String 类的 getBytes 方法。因此，可以尝试打印参数、返回值及函数栈。在 Objection 使用以下代码完成 Hook：

```
android hooking watch class_method java.lang.String.getBytes --dump-args --
dump-return --dump-backtrace
```

在 App 应用程序上，再次单击"登录"按钮，输出以下信息：

```
(agent)[956802] Called java.lang.String.getBytes(java.nio.charset.Charset)
(agent)[956802] Backtrace:
       java.lang.String.getBytes(Native Method)
       java.lang.String.getBytes(String.java:914)
       com.xxxx.util.LogShutDown.shut(LogShutDown.java:2)
       com.xxxx.util.LogShutDown.shut(LogShutDown.java:1)
       com.xxxx.util.LogShutDown.getAppSign(LogShutDown.java:7)
       com.xxxx.util.SignManager.getSign(Native Method)
       com.xxxx.util.SignManager.a(SignManager.java:3)
       ...
       com.xxxx.ui.activity.LoginActivity.login(LoginActivity.java:24)
```

```
...
(agent) [956802] Arguments java.lang.String.getBytes(UTF-8)
(agent) [956802] Return Value: [object Object]
```

Objection 某些版本是会显示字节数组信息的，但本书使用的这个版本并未显示。因此，尝试对函数栈中的其他函数进行 Hook，找寻一些蛛丝马迹。选择以下这个方法：

```
com.xxxx.util.SignManager.getSign(Native Method)
```

可以看出这个方法是 native 方法，这里也证实了之前的猜测，是 so 层的算法。在 Objection 使用以下代码完成 Hook：

```
android hooking watch class_method com.sichuanol.cbgc.util.SignManager.
getSign --dump-args --dump-return --dump-backtrace
```

在 App 应用程序上，再次单击"登录"按钮，输出以下信息：

```
(agent) [294930] Called com.sichuanol.cbgc.util.SignManager.getSign(ja-
va.lang.String, java.lang.String, java.lang.String)
(agent) [294930] Backtrace:
        com.xxxx.util.SignManager.getSign(Native Method)
        com.xxxx.util.SignManager.a(SignManager.java:3)
        ...
        com.xxxx.ui.activity.LoginActivity.login(LoginActivity.java:24)
        ...
(agent) [294930] Arguments com.xxxx.util.SignManager.getSign((none),
(none),1634884310829)
(agent) [294930] Return Value: D9B5331F00E8551CF7124734D37AA31D
```

从同时开启的抓包信息中来看，1634884310829 就是提交参数中的 timestamp，返回值就是提交信息中的 sign。由此可知，getSign 这个 native 方法就是 sign 算法的关键函数。在这个函数之前的 Java 层函数中没有需要分析的数据，在这个函数之后的 Java 层函数中也没有需要分析的数据，只需分析 getSign 方法对应的 so 层实现即可。

接下来，就需要反编译对应 so 文件，但是该 App 应用程序有加固，在不进行 dex 反编译的情况下，想要知道 getSign 这个 native 方法对应的 so 函数，就需要用到之前介绍的 JNI 函数注册的快速定位。经过测试发现该 App 应用程序使用的是静态注册，Hook dlsym，以 spawn 方式启动 App 应用程序，输出结果如下：

```
// frida -U -f com.xxxx --no-pause -l sohook.js
var dlsymAddr = Module.findExportByName("libdl.so", "dlsym");
```

```
Interceptor.attach(dlsymAddr, {
    onEnter: function (args) {
        this.args1 = args[1];
    }, onLeave: function (retval) {
        var module = Process.findModuleByAddress(retval);
        if(module == null) return;
         console. log (this. args1. readCString (), module. name, retval,
retval.sub(module.base));
    }
});
/*
    ...
    Java_com_sichuanol_cbgc_util_SignManager_getSign libwtf.so 0xc7eec931 0x931
    ...
* /
```

由上述输出可知，getSign 这个 native 方法对应的 so 层实现是在 libwtf. so 中偏移 0x931 处。找到对应 so 文件，拖入 IDA 反编译，找到对应代码，F5 以后的伪 C 代码如图 7-9 所示。

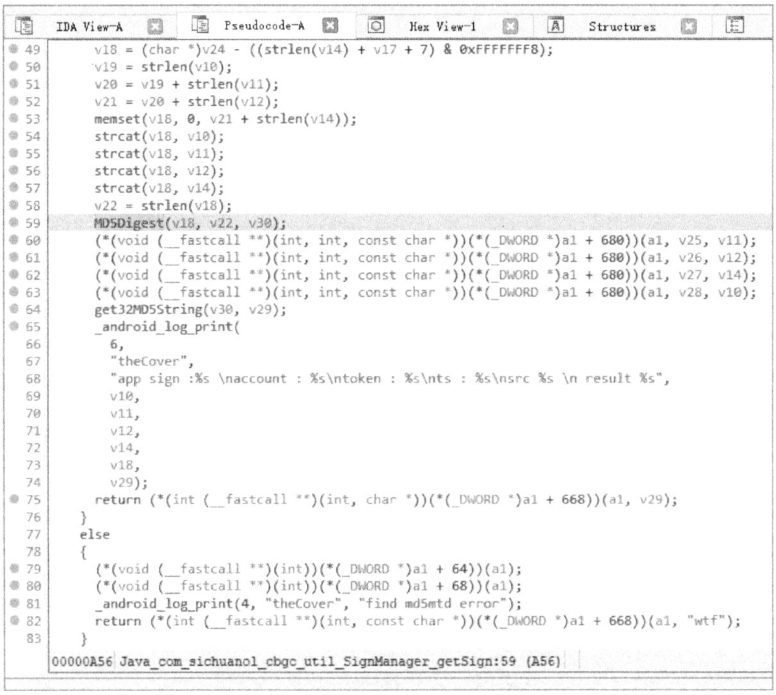

• 图 7-9　getSign F5 以后的伪 C 代码

Hook 关键函数 MD5Digest，该函数在 so 文件中的偏移地址为 0xC90，由于是 thumb 指令，地址需要 +1，具体实现 Hook 的代码如下：

```
var soAddr = Module.findBaseAddress("libwtf.so");
var funcAddr = soAddr.add(0xC90 + 1);
Interceptor.attach(funcAddr, {
    onEnter: function (args) {
        console.log(args[0].readCString());
        console.log(args[1].toInt32())
        this.args2 = args[2];
    }, onLeave: function (retval) {
        console.log(hexdump(this.args2));
    }
});
/*
    0093CB6721DAF15D31CFBC9BBE3A2B791634889785234
    45
    fff1ba84   74 77 62 6e 52 51 a4 71 a5 b3 3e 63 40 31 c6 f3   twbnRQ.q..>c@1..
*/
```

上述输出结果中，0093CB6721DAF15D31CFBC9BBE3A2B79 是 App 应用程序的签名，1634889785234 是提交数据包中的 timestamp。对上述值进行 MD5 后，得到的结果与 this.args2 对应的内存中的数据一致。

当然在实际分析中，可能不会一次就定位到关键函数，可以对可疑的关键函数都进行 Hook。在不断的分析中，调整思路，最终找出一个或几个关键函数。如果是非标准算法，可能还需要结合 Frida stalker trace、unidbg trace 等方法来分析汇编代码。

小　　结

本章讲解了 Frida 操作内存数据、常用的 NativePointer 类、Memory 的常用方法，以及替换函数，最后讲解了更重要的一些系统函数的 Hook，也实战了一个小案例。本章虽然带领读者学习了 Frida 框架的一些进阶内容，但这是远远不够的，任何工具的学习，从基础到进阶都是较为困难的，真正的进阶知识需要在实践中领悟。

第8章 Frida框架算法转发方案

本章主要讲解 Frida 的 Python 库的使用，并再在此基础上进行 Frida 和 Python 的交互，最后讲解 Frida 框架的 RPC 远程调用和算法转发方案。

8.1 Frida 的 Python 库使用

在第 1 章中提及，Python 下安装 Frida 框架实际上只需要安装 frida-tools，frida 的 Python 库会被一并下载。使用 Frida 的 Python 的理由如下。

- 在之前的章节里，介绍的更多的是 frida-tools 中提供的工具，主要用于手工调试阶段，如果要用代码自动化处理，还需要其他编程语言的接入，比如 Python 网络爬虫。
- 后续会讲解的 Frida 算法转发方案和 Frida 的 RPC 也需要用到 Python 这门强大的语言，算法转发和 RPC 能给逆向带来无比快捷的体验。
- Frida 框架可以实时与 Python 程序进行数据交互，可以把要处理的数据发送给 Python 程序，等待 Python 程序处理完毕后，接收返回值。
- Python 作为时下热门的编程语言，提供了各种人性化的第三方包，让代码编写更加简单。

8.1.1 Frida 注入方式

使用 Frida 的 Python 库进行注入的方式主要有两种：第一种是包名注入，第二种是 PID 注入。包名注入是较为简单的，代码只有如下几行：

```
import frida,sys

process = frida.get_usb_device().attach("com.dodonew.online")
script = process.create_script(jsCode)
```

```
script.load()              #脚本加载
sys.stdin.read()           #CMD 不会退出,便于控制台观察
```

在进行包名注入之前,首先需要将调试的安卓系统工作机通过 USB 连接到计算机上,通过方法 get_usb_device 或者 get_remote_device 可以将 Frida 框架与工作机连接起来,再使用 attach 方法将要调试的安卓应用的包名写入即可完成附加,这里以第 2 章中使用的某嘟牛应用的注入为例。

附加后的应用进程需要进行 JavaScript 代码注入,这里依然使用第 2 章中的 Hook 代码对某嘟牛进行注入,值得注意的是,在 Python 中的 Hook 代码需要用三引号括起来,将其命名为 jsCode,作为参数传入 create_script 方法之中,Hook 代码的编写如下所示:

```
jsCode = """
Java.perform(function (){
    console.log("start hooking...");
    var jsonRequest = Java.use("com.xxx.online.http.JsonRequest");
    var requestUtil = Java.use("com.xxx.online.http.RequestUtil");
    var utils = Java.use("com.dodonew.online.util.Utils");
    jsonRequest.paraMap.implementation = function (a) {
        console.log("jsonRequest.paraMap is called");
        return this.paraMap(a);
    }
    jsonRequest.addRequestMap.overload('java.util.Map', 'int').imple-
mentation = function(addMap, a) {
        console.log("jsonRequest.addRequestMap is called");
        return this.addRequestMap(addMap, a);
    }
    requestUtil.encodeDesMap.overload('java.lang.String',
'java.lang.String','java.lang.String').implementation = function (data,
desKey, desIV) {
        console.log("data: ", data, desKey, desIV);
        var encodeDesMap = this.encodeDesMap(data, desKey, desIV);
        console.log("encodeDesMap: ", encodeDesMap);
        return encodeDesMap;
    }
    utils.md5.implementation = function (a) {
        console.log("sign data: ", a);
        var md5 = this.md5(a);
        console.log("sign: ", md5);
```

```
        return md5;
    }
});
"""
```

此时还没有将代码注入，真正完成代码加载的是 script.load 方法，到此为止，某嘟牛的登录协议 Hook 已经完成。由于开发者需要在 CMD 命令控制台中查看输出信息，因此额外添加一句 sys.stdin.read 用于在控制台中输出调试信息。

在完成 Frida 框架的启动工作之后，在工作机中打开应用，并启动 Python 程序，单击某嘟牛的"登录"按钮，即可看到登录协议的关键参数被输出在控制台中。

以包名的方式进行注入，偶尔会遇到一些问题，比如个别应用在工作机中会开启双进程，即包名一样的进程有两个，这时再以包名的方式进行注入，Frida 框架会提示开发者进行选择。而 PID 在进程中充当唯一标志符，每个进程都有唯一的 PID，因此，如果使用 PID 注入就可以忽略这些问题。

使用 PID 注入，只需要将 Python 程序的 attach 方法中传入的参数改为进程 PID 即可，比如附加 PID 为 123 的进程：

```
process = frida.get_usb_device().attach(123)
```

8.1.2　spawn 方式启动与连接非标准端口

本小节中将会讲解以 spawn 方式启动 Frida 框架，以及 Frida 如何连接非标准端口和多个设备。在之前的方法中，需要开发者手动在工作机上打开要测试的 Android 应用才可以使用，而 spawn 方式可以让 Frida 框架帮助启动 Android 应用。

如果要以 spawn 方式启动 Android 应用，需要对之前的 Python 程序进行一些修改：

```
import frida,sys

device = frida.get_usb_device()
pid = device.spawn(["com.dodonew.online"])
process = device.attach(pid)

script = process.create_script(jsCode)
script.load()                    #脚本加载
device.resume(pid)               #加载完脚本,恢复进程运行
sys.stdin.read()                 #CMD 不会退出,便于控制台观察
```

在使用 get_usb_device 方法获取工作机对象之后，用 spawn 方法将安卓应用的包名传入，会得到对应进程的 PID，再使用 PID 注入的方式进行调用即可。此外，需要在 JavaScript 脚本加载之后，对工作机对象使用 resume 方法恢复进程运行，否则进程会被卡死。

在 Frida 框架启动时，可以指定地址和端口，如果使用了非标准端口，这时再去使用之前编写的 Python 程序便会发生错误，如在启动 Frida 框架时，指定了非标准端口：

```
./fs -l 0.0.0.0:8888
```

此时需要对之前的 Python 程序再进行修改，使用 get_device_manager 方法来创建一个管理对象，调用 add_remote_device 方法将工作机的 IP 地址和指定的端口传入，具体代码如下：

```
device = frida.get_device_manager().add_remote_device('IP:Port').attach()
```

由于可以使用 IP 地址进行工作机对象的指定，所以可以在此基础上进行多个设备的连接，只需要将上边的代码重复多次，更改变量名和 IP 地址即可，可以对每个工作机对象分别进行自定义处理。

8.2　Frida 与 Python 交互

本节中将会讲解 Frida 和 Python 的交互，包括 send 和 recv 两种交互方式。

以包名注入的 Python 代码为例，在控制台中调试输出的信息都是通过 JavaScript 代码中的 console.log 方法打印的。这里提供另外一种 send 方法，可以将 JavaScript 中得到的数据发送给 Python 程序进行处理，要想在 JavaScript 中使用 send 方法，需要在 Python 代码中进行事件注册：

```python
import frida,sys

def Fun(message,data):
    if message['type'] == 'send':
        print("send:{}".format(message['payload']))
    else:
        print(message)

device = frida.get_remote_device().attach(12260)
script = device.create_script(jsCode)
```

```
script.on('message',Fun)
script.load()                  #脚本加载
sys.stdin.read()               #CMD 不会退出，便于控制台观察
```

当 JavaScript 代码执行 send 方法时，会触发 Python 代码中的 message 事件，相应的调用后边的函数。使用 send 方法和 console.log 是有区别的，第一个区别是 send 方法只可以传递一个参数，第二个区别在于使用 console.log 只是单纯的控制台打印输出，而 send 则是 JavaScript 将数据交给 Python 函数去自定义处理。

在网络编程中，send 方法总是与 recv 相对应出现的，Frida 框架中也不例外。send 方法是将 JavaScript 中的数据交给 Python 程序处理，recv 方法是将 Python 中的数据交给 JavaScript 去处理。Python 中的数据通过 post 方法传送给 JavaScript 代码，传输的数据为 Python 的字典形式：

```
def Fun(message,data):
    if message['type'] = = 'send':
        print("send:{}".format(message['payload']))
        script.post({'data':"data from Python!"})
    else:
        print(message)
```

在 JavaScript 代码中，需要对 Python 程序发过来的数据进行接收，使用的是 recv 方法：

```
recv(function(obj){
    console.log(obj.data);
}).wait();
```

匿名函数中的参数名可以是任意的，但是获取数据时，在 Python 中传入的字典的键需要和 JavaScript 代码相对应。

8.3　Frida 的 RPC 调用

RPC 英文全称为 Remote Procedure Call，直译过来便是远程过程调用。相比于 RPC 这个陌生的概念，大多数开发者更熟悉 HTTP 请求，HTTP 请求是从客户端到服务器端的请求消息，这种请求也可以理解为一种特殊的 RPC 调用。

RPC 调用之所以会出现，直接的原因便是计算机无法通过本地调用的方式完成请求，比如 A 机器上的程序要调用 B 机器上的过程或者函数，它是一种高层的计算机网

络技术，不同主机间的复杂细节对开发者来说是透明的，只需要像调用本地服务一样调用远程程序就可以了。如图 8-1 所示，RPC 调用的关键其实只有两部分，第一部分是主动发起远程过程调用，第二部分是接收处理远程调用的结果。

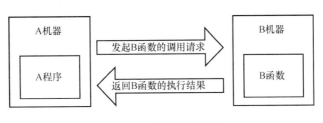

● 图 8-1　远程过程调用

简而言之，如果需要调用另一台机器上的某个过程或函数，并且执行完毕之后再把结果返回，就可以使用 RPC 调用。

假设这样一种场景，某个应用的加密方法异常复杂，很难使用 Python 代码复现，可以在 Hook 代码中进行主动调用，这里拿某嘟牛的 MD5 加密为例：

```
function test(data){
    var result="";
    Java.perform(function (){
        result=Java.use('com.×××.online.util.Utils').md5(data);
    });
    return result;
    };
var result=test('123456');
console.log("result:",result);
```

在 Hook 脚本中使用上述代码，可以完成 MD5 加密函数的调用，但是代码被写死在了 JavaScript 中，调用起来是极不灵活的。如果能够把它放在 Python 代码中，就可以对接一些其他程序，如网络爬虫的编写需要一些加密参数，需要请求数据时，就执行加密函数获取参数，再加入请求头发起请求。

此时，就可以在 JavaScript 代码中使用 rpc.exports 开放 RPC 调用接口，如开放上边的 test 函数供 Python 程序调用：

```
rpc.exports={
    rpcfunc:test
};
```

当 Python 程序将 JavaScript 代码加载完毕之后，再使用 RPC 远程过程调用，调用开放的 rpcfunc 方法，并且传入参数，将返回的结果存储在 result 中：

```
result = script.exports.rpcfunc("123456")
```

值得注意的是，在 JavaScript 代码中进行 RPC 接口开放时，开放的接口名中如果含有大写字母，则 Python 程序在调用该方法时，需要在大写字母前加下画线，比如开放的接口名为 rpcFunc，则 Python 调用时使用的方法名为 rpc_Func 或者 rpc_func。

8.4　实战：某嘟牛 Frida 算法转发

在正式讲解某嘟牛的 Frida 算法转发之前，先来讲讲算法原地加密。这里讲解的算法原地加密和 Frida 的主动调用有着千丝万缕的关系，事实上，原地加密是将复杂的加密交给应用本身去完成，本质上就是 Python 程序将请求转发给了 JavaScript 代码，JavaScript 去主动调用了应用内的过程。

在正式讲解算法转发之前，先来分析一段主动调用的 JavaScript 代码：

```
function hookTest(username, passward){
    var result;
    Java.perform(function(){
    var time = new Date().getTime();

    var signData = 'equtype=ANDROID&loginImei=Android352689082129358
&timeStamp=' +
    time + '&userPwd=' + passward + '&username=' + username + '&key=sdlk
jsdljf0j2fsjk';

    var Utils = Java.use('com.dodonew.online.util.Utils');
    var sign = Utils.md5(signData).toUpperCase();
    console.log('sign: ', sign);

    var encryptData = '{"equtype":"ANDROID","loginImei":"Android352689082129358",
    "sign":"' + sign + '","timeStamp":"' + time + '","userPwd":"' + pass-
ward + '","username":"'
    + username + '"}';

    var RequestUtil = Java.use('com.dodonew.online.http.RequestUtil');
    var Encrypt = RequestUtil.encodeDesMap(encryptData, '65102933',
'32028092');
    console.log('Encrypt: ', Encrypt);
    result = Encrypt;
    });
```

```
    return result;

    rpc.exports = {
        rpcfunc: hookTest
    };
}
```

调用该函数时，传入用户名和密码会进行一系列的加密行为。首先会生成一个时间戳，之后主动调用 String 方法，创建了一段字符串 signData，再通过 MD5 算法得到 sign 值。Encrypt 则进行了一段 DES 加密，也通过主动调用得出了加密结果。这种主动调用的方式，不需要关注加密的方法实现和代码还原，实现较为简单。

如果想要在 Python 程序中使用这个 hookTest 函数，需要用到上一小节讲解的 RPC 远程调用进行接口导出，这时 Python 程序中传入的参数会被 JavaScript 代码处理，加密出结果返回。以第 2 章末尾的某嘟牛登录算法为例，如果要用 Python 程序复现登录请求，需要编写如下代码：

```python
import requests, json
import frida

# 调用 frida 脚本
process = frida.get_remote_device().attach("com.xxx.online")
script = process.create_script(jsCode)
print('[*] Running')
script.load()
cipherText = script.exports.rpcfunc('123456', 'a123456')

url = 'http://api.dodovip.com/api/user/login'
data = json.dumps({"Encrypt": cipherText})
headers = {
"content-type": "application/json; charset=utf-8",
"User-Agent": "Dalvik/2.1.0 (Linux; U; Android 10; Pixel Build/QP1A.191005.007.A3)"
}
html = requests.post(url=url, data=data, headers=headers)
print(html.text)
```

可以发现算法转发是比较强大的，只需要在工作机上开启测试的 Android 应用，就可以让应用本身成为开发者的加密机器，当加密比较复杂时，使用这种方法是方便的。

上面通过 Python 程序的主动调用获取了加密参数，但这是远远不够的，开发者之所以能够获取加密参数，在于 Frida 框架存在着 Python 库。如果不使用 Python 这门编程语言，而使用其他语言的话，就需要额外搭建一个服务端，对外开放一个固定的接口，任何编程语言都可以通过编写网络请求来获取加密参数。

这里使用 FastAPI 来搭建一个轻量级的本地服务接口，需要先使用 Python 安装两个第三方包：

```
pip install fastapi
pip install uvicorn
```

接着搭建一个简单的 GET 请求的接口，在本地 8080 端口开放请求：

```
from fastapi import FastAPI
import uvicorn
import frida
# 调用 frida 脚本
process = frida.get_remote_device().attach("com.×××.online")
script = process.create_script(jsCode)
print('[*] Running')
script.load()


app = FastAPI()


@ app.get("/get")
async def getEchoApi(item_id, item_user, item_pass):
    result = script.exports.rpcfunc(item_user, item_pass)
    return {"item_id": item_id, "item_retval": result}


if __name__ == '__main__':
    uvicorn.run(app, port = 8080)
```

运行本地服务后，任何编程语言编写网络请求，只需要向地址 http://localhost:8080/get 发起 GET 请求并携带 item_id、item_user、item_pass 三个参数，就可以获取加密返回值。

小　结

　　本章首先讲解了 Frida 的 Python 库的使用，接着讲述了 Frida 和 Python 的交互，之后了解了 Frida 的 RPC 调用，最后讲解了 Frida 算法转发方案。通过对本章的学习，将会理解何为算法转发，以及什么时候该使用算法转发，算法转发如何实现。对于算法转发方案的部署，如果学会了在本地部署，还可以额外拓展，尝试外网部署。